1. ヒラメの雌成魚（全長 40 cm）

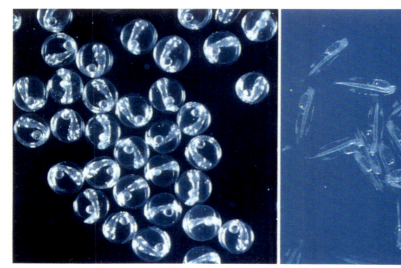

2. ヒラメの受精卵　　　　　3. 孵化 2 日後の仔魚（全長 2.9 mm）

（写真は日本栽培漁業協会提供）

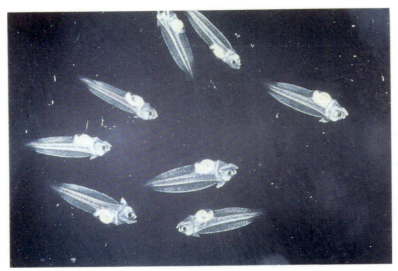

4. 孵化12日後の仔魚（全長7 mm）
南（1982）のCステージに相当

5. 着底前　F～Gステージ仔魚

# 水産学シリーズ

## 112

日本水産学会監修

# ヒラメの生物学と資源培養

南　卓志　編
田中　克

1997・4

恒星社厚生閣

# ま え が き

　ヒラメは日本沿岸のほぼ全域に分布する重要な漁業資源であり，資源管理型漁業のモデル的対象種として，また，広域的な栽培漁業のモデル的対象種として，全国各地で多くの調査研究が展開されている．最近の種苗生産や放流に関する技術的進展はめざましく，生物工学的手法の導入による先端的技術の開発にも成果があげられつつある．同時に，本種はその生活史の初期に顕著な変態を行うことから生物学的関心も高く，初期生態や変態生理などの基礎的知見も集積されつつある．このように多くの情報が蓄積されたヒラメの生物学をその基礎と応用の両側面から総括し，両者の関連性を論議することは，今後のいっそうの研究の進展と資源培養技術の発展にとってきわめて重要と考え，1996年10月11日に，日本水産学会秋季大会行事として「ヒラメの生物学－その基礎と応用－」と題するシンポジウムを下記のような内容で九州大学において開催した．

ヒラメの生物学－その基礎と応用－
企画責任者　南　卓志（日水研）・古澤　徹（日栽協）・山下　洋（東北水研）
　　　　　　田中　克（京大農）
開会の挨拶　　　　　　　　　　　　　　　　南　卓志（日水研）
Ⅰ．資源生態　　　　　　　　　　座長　山下　洋（東北水研）
　　1．生活史特性　　　　　　　　　　　　南　卓志（日水研）
　　2．初期生態　　　　　　　　　　　　　乃一哲久（千葉県博）
　　3．集団構造　　　　　　　　　　　　　西田　睦（福井県大生物資源）
Ⅱ．変態の生理・生態　　　　　　座長　中野　広（中央水研）
　　1．変態の生態的意義　　　　　　　　　田中　克（京大農）
　　2．体色異常発現機構　　　　　　　　　青海忠久（京大農）
　　3．変態機構　　　　　　　　　　　　　山野恵祐（養殖研）
Ⅲ．資源培養　　　　　　　　　　座長　輿石裕一（西海水研）
　　1．バイオテクノロジー　　　　　　　　山本栄一（鳥取水試）
　　2．健苗育成と栄養要求　　　　　　　　竹内俊郎（東水大）
　　3．放流技術と生態　　　　　　　　　　山下　洋（東北水研）

4

|   | 4. 栽培漁業の今後の展望 | 古澤　徹（日栽協） |
|---|---|---|
| IV. | 総合討論 | 座長 南　卓志（日水研） |
|   |   | 古澤　徹（日栽協） |
|   |   | 山下　洋（東北水研） |
|   |   | 田中　克（京大農） |
| V. | 閉会の挨拶 | 田中　克（京大農） |

　本書は当日の講演に質疑応答の趣旨を考慮して執筆し，編集したものである．また，総合討論や各話題提供の重要点をもとに，本シンポジウムのまとめを加えた．本書が，ヒラメの基礎的分野および応用的分野において広く貢献できれば幸いである．本書の出版に当たり執筆者の方々，日本水産学会の関係各位並びに恒星社厚生閣の担当者各位に大変お世話になった．ここに記して厚くお礼申し上げる．

　　　　平成 8 年 12 月

南　　卓　　志
田　　中　　克

ヒラメの生物学と資源培養　目次

まえがき …………………………………………………（南　卓志・田中　克）

## Ⅰ．資源生態

## 1．生活史特性 …………………………………（南　卓志）…………9

§1．生活史とその特性(10)　　§2．生活史特性の多様性(21)

§3．今後の課題(22)

## 2．初期生態 …………………………………（乃一哲久）…………25

§1．卵期(25)　　§2．浮遊仔魚期(27)

§3．着底仔魚期(32)　　§4．底生稚魚期(35)

## 3．集団構造

…………（西田　睦・大河俊之・藤井徹生）…………41

§1．集団構造とは(41)　　§2．ヒラメ集団構造推定に関わる

諸情報(42)　　§3．ヒラメの集団構造モデル(48)

## Ⅱ．変態の生理・生態

## 4．変態の生態的意義 …………………………（田中　克）…………52

§1．変態の定義(52)　　§2．異体類の変態(53)

§3．変態に伴う体構造の変化(54)　　§4．変態に伴う

生態的変化(54)　　§5．変態の生態的意義(56)

§6．着底期における減耗(57)　　§7．浅海域に着底すること

の生態的意義(59)　　§8．変態過程の偶然性と必然性(59)

## 5．体色異常発現機構 …………………………（青海忠久）…………63

§1．体色異常に関する研究経過の概要(63)

§2　体色異常の特性と発現に関与する要因(*64*)

§3　体色異常の発現機構(*68*)　　§4　今後の課題(*71*)

## 6.　変態機構 ……………………………… (山野恵祐) …………*74*

§1.　組織・器官の発達(*75*)　　§2.　変態誘起ホルモン(*76*)

§3.　甲状腺ホルモンの作用を修飾する因子(*78*)

§4.　甲状腺ホルモンリセプター(**TR**)(*79*)

## Ⅲ.　資源培養

## 7.　バイオテクノロジー ………………………… (山本栄一) …………*83*

§1.　性決定機構と人工種苗における自発的性転換雄の出現(*83*)

§2.　生殖周期と産卵周期(*87*)　　§3.　クローンヒラメの作出
と実験動物としての利用(*88*)

## 8.　健苗育成と栄養要求 ……………………… (竹内俊郎) …………*96*

§1.　栄養要求(*96*)　　§2.　形態異常と栄養因子との関わり(*99*)

§3.　健苗育成技術開発に向けて(*102*)

## 9.　放流技術と生態 ……………………… (山下　洋) ………*107*

§1.　放流魚の減耗要因(*107*)　　§2.　放流技術(*109*)

§3.　放流効果の推定(*115*)

## 10.　栽培漁業の今後の展望 …………………… (古澤　徹) ………*117*

§1.　栽培漁業の現状と問題点(*117*)

§2.　解決すべき課題とそれに必要な基礎的な研究(*123*)

まとめ−研究展開の方向

………… (田中　克・南　卓志・輿石裕一) ………*127*

# Biology and Stock Enhancement of Japanese Flounder

Edited by Takashi Minami and Masaru Tanaka

Preface                                    Takashi Minami and Masaru Tanaka

I. Ecological Aspects
  1. Life history                              Takashi Minami
  2. Early life history                        Tetsuhisa Noichi
  3. Population structure
           Mutsumi Nishida, Toshiyuki Ohkawa and Tetsuo Fujii

II. Ecology and Physiology of metamorphosis
  4. Ecological significance of metamorphosis      Masaru Tanaka
  5. Mechanism of abnormal pigmentation            Tadahisa Seikai
  6. Mechanism of metamorphosis                    Keisuke Yamano

III. Stock Enhancement
  7. Biotechnology                                 Eiichi Yamamoto
  8. Nutritional requirement for improvement of rearing seed production
                      Toshio Takeuchi
  9. Ecology and releasing techniques              Yoh Yamashita
  10. Key problems of sea-farming associated with its perspective
                      Toru Furusawa

Research direction
       Masaru Tanaka , Takashi Minami and Yuuichi Koshiisi

# Ⅰ. 資源生態

## 1. 生活史特性

南 卓 志[*]

「ヒラメの生物学と資源培養」の導入部として，ヒラメの生活史について概観し，その特徴を紹介する．ヒラメの生活史に関する知見については，これまでにきわめて多岐の項目にわたって多くの報告がある．特に，近年には日本のほぼ全域の試験研究機関や研究者により，ヒラメの資源管理や種苗放流による増殖を目的として，その基礎的知見を収集するために天然魚の生活史に関する調査が行われており，それらの成果が報告されている[1~6]．

日本に分布しているヒラメ *Paralichthys olivaceus* を含むヒラメ属には 19 種の魚種が含まれており，それらの地理的分布は南北のアメリカ大陸の太平洋沿岸と大西洋沿岸に集中している[7]．太平洋の西岸域にはヒラメ 1 種のみが分布し，その分布範囲は，千島列島から南シナ海に至る広い海域に及んでいる．主分布域は，北緯約 30 度から 45 度の範囲であり，北海道の太平洋沿岸を除く日本列島のほぼ全域に広がっている（図 1・1）．また，漁獲量からみると，対馬暖流域，太平洋北部および瀬戸内海には多くのヒラメが生息していることが推測できる．これらのヒラメは連続的に分布しているが，その広い範囲に及ぶ分布域の環境の違いを反映するように，生活史特性は海域間で顕著な差が認められる．

本論では，これらの生活史特性における地理的な変異に着目しながら，ヒラメの生活史の複雑さについて述べることにする．

---

[*] 日本海区水産研究所

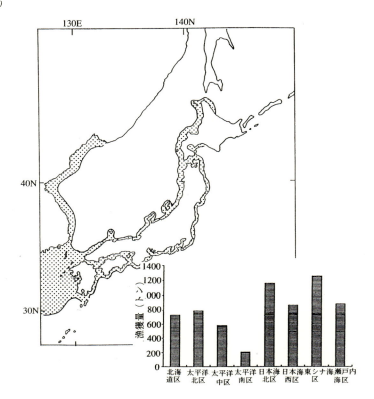

図 1・1　日本周辺におけるヒラメの分布および海域ごとの漁獲量
　　　（1993 年；農林水産統計年報による）

## §1. 生活史とその特性

### 1・1　分布，移動，集団

　日本周辺の広域な海域に分布するヒラメが単一の集団とみなされるのか，否かという問題についてはいろいろな説がある．分布の連続性からみると，本種は日本列島の周辺のほぼ全域に連なっているので，明瞭な分布の切れ目は認められない．しかし，細かく見ると，半島を境にした群の認識や，回遊経路が異なると推測される群の存在の可能性が報告され[8~10]，それらを総合して日本列島周辺のヒラメを日本海側 5 群，太平洋側 3 群，計 8 区分としたものがある[11]．それらの根拠に用いられた情報としては，漁獲の動向や標識放流の再捕結果に

基づくものであったが，近年になって，アイソザイムの分析や mtDNA の分析による集団解析手法が用いられ，さらに詳細な検討がなされるに至っている．

　移動の状況を知るためには標識放流が有効と思われ，天然魚を用いた標識放流実験はこれまでに数多く行われてきた．標識放流の結果を見ると，放流地点の近傍で再捕された事例が多く，ヒラメの移動は比較的小規模であると考えられるが，長距離の移動を示した事例も少なくない．例えば，日本海沿岸では，若狭湾で放流された個体が島根半島を越した事例がみられるし [12, 13]，新潟沿岸で放流された個体が富山湾で再捕され [14]，青森県下北半島で放流された個体が新潟県 [15] で，北海道南部の上ノ国で放流された個体が新潟県で，それぞれ再捕された事例が報告されている [16]．太平洋沿岸では，青森県と岩手県の県境で放流されたものが青森県の日本海側で再捕され，また，宮城県北部でも再捕されるなど，かなり遠距離の移動事例が報告されている [15]．千葉県館山湾で放流されたものは神奈川県方向へ移動したものと，房総半島の外洋側に移動したものがあり，銚子付近で放流されたものは，北上するものが多かった．これらの結果から，石田ら [9] は，銚子付近を境とする集団が存在すると推測している．北海道北部でも，利尻水道で放流されたものが積丹半島付近で再捕された事例や [17, 18]，オホーツク海での再捕事例がある [19]．

　天然魚を用いた標識放流実験結果のうち，比較的長距離の移動を示した事例を図1・2 にまとめた．これらの結果を総合すると，牡鹿半島，房総半島，能登半島などの半島を地形的な境界とする集団が存在することがうかがわれるが，境界はそれほど明瞭なものではなく，おのおのの海域に分布する集団が隔離されているとはいい難い．

## 1・2　産卵期

　日本列島沿岸におけるヒラメの産卵期には，地理的に顕著な変異がみられる．日本海に面した北海道の石狩湾では6月下旬から8月上旬にかけて，津軽半島沿岸では5月から7月，秋田から新潟にかけての沿岸では5月から6月，富山湾では4月から5月，若狭湾や鳥取沿岸では3月から4月，北九州では2月から4月，長崎から熊本沿岸では2月から3月，鹿児島沿岸では1月から3月に産卵する．太平洋に面した下北半島周辺や岩手沿岸では6月から7月，仙台湾では5月から6月，房総半島周辺では4月から6月，伊豆半島から紀伊半

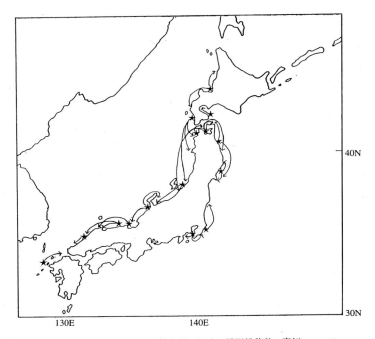

図 1・2　標識放流，再捕記録における長距離移動の事例[8, 9, 12~22]

島にかけては 3 月から 4 月，四国沿岸では 3 月，宮崎沿岸では 2 月，鹿児島沿岸では 1 月から 3 月に産卵が行われる．また，渤海では 5 月から 6 月，朝鮮半島南岸では 4 月から 5 月に産卵が行われる[10]．このように，南で早く，北で遅い傾向がある．また，同緯度でも日本海沿岸では太平洋沿岸よりも産卵期は早い傾向があり，これらの違いは各海域の産卵場における水温の季節的変化に影響された結果であると判断される（図 1・3）．

ヒラメの産卵期における分布域の水温は各海域で差がみられるが，千葉県沿岸ではおよそ 14～17℃ であると報告されている[23]．各海域の水温が 15℃ に達する時期は，南の鹿児島沿岸では 1 月，北方の産卵場である北海道の石狩湾では 6～7 月で，およそ半年の差がある．このような産卵期の地理的な差は，生活史における季節的スケジュールの地理的変異を生じさせるもととなっている．産卵場の水温についての詳細な結果はみつけることができないが，産卵期における表面水温は，日本海西部（島根から京都）で 12℃～15℃，日本海北部

（富山～北海道）では 15℃～17℃で，西部より北部における産卵期の水温がやや高いとの報告がある[24]．また，仙台湾でも 17℃でやや高い[25]．これらの結果をみると，本種の産卵期における産卵場近傍の水温は北方の海域の方がむしろやや高い傾向が認められる．

### 1・3 産卵場

産卵場はほぼ分布域に等しく，北海道太平洋側，オホーツク海沿岸を除く日本列島のほぼ全域に形成されている．それらの中で主要な海域は，日本海沿岸では，北海道の石狩湾，青森県沿岸，新潟県沿岸，佐渡島周辺，若狭湾，隠岐島周辺，五島列島周辺などがあり，太平洋沿岸では，仙台湾や房総半島周辺，紀伊水道南部，瀬戸内海などが知られている．また，朝鮮半島の

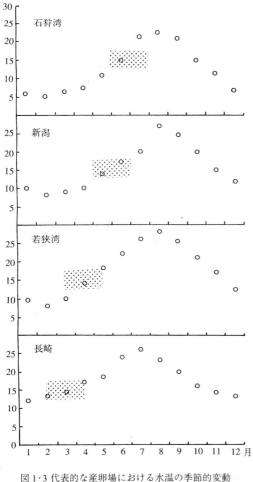

図 1・3 代表的な産卵場における水温の季節的変動
（縦軸：水温，影部分は産卵期を表す）

南東部，渤海や黄海にも産卵場があることが知られている[10]．佐藤[25]は，太平洋沿岸における本種の主要な産卵場の北限は仙台湾付近と推測している．

産卵場が形成される水深は，100 m 以浅であり，主として 50 m よりも浅い水深帯と推定されている．太平洋岸の房総半島沖では 200 m 前後の深い海域でも産卵するとの報告がある[20]．産卵場近傍の地形的特徴としては，岩礁地帯周

### 1・4 年齢と成長

生活史の起点である産卵の季節が海域によって異なることから，その後に経験する水温変動パターンの違いの影響を受け，仔稚魚や未成魚の成長にも地理的な差が生じていると思われる．各海域での満1歳時の全長（雌雄を区別せず）を比較してみたのが図1・4である．日本海側の石狩湾では満1歳時のサイズは150 mm に満たないが，能登半島以北では200 mm 前後，山陰では約240 mm，九州西岸では270 mm を越す[1]．対馬暖流域の北海道石狩湾から九州の鹿児島までの8海域における1歳時全長と緯度の関係を図1・5に示した．このように，満1歳時の全長には，明らかに南の海域ほど大きい傾向がみられる．太平洋側でも同じような傾向が認められ，九州南部では340 mm を越す．また，富山湾や仙台湾では満1歳時全長が小さい特徴がみられる．このことが内湾部におけるヒラメ0歳魚の成長に共通するものかどうかは不明である．未成魚段階では，

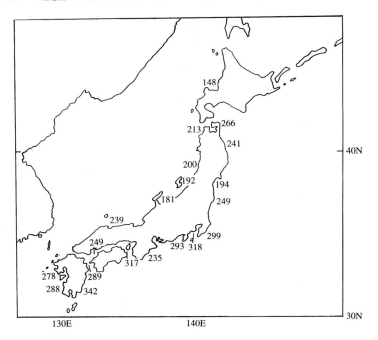

図1・4 満1歳時における全長の地理的変異[1〜6]（単位：mm）

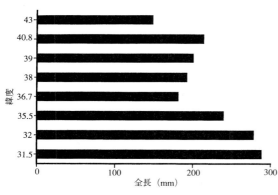

図1・5 満1歳時における全長と緯度の関係[1～6]

大きな移動は少ないと考えられるので，それぞれの海域における成長差はそれぞれの海域における生活史の季節的スケジュールと物理・化学的および生物的環境条件を反映しているものと考えられる．

ヒラメの成長には，雌雄による差が顕著であることが知られている．雌雄差が顕著になるのは2歳ないしは3歳からであり，雌の成長が雄を上回る．日本の各地で調べられた本種の雌の成長をvon Bertalanffyの式による成長式で表わし，図1・6～1・8に示した．日本海および九州西岸の対馬暖流域では，熊本における成長が最も速く，秋田，鳥取がこれに次ぐ．最も成長が遅いのは富山湾である．石狩湾，青森，秋田など北の海域では，1歳時のサイズは南方に比べて小さいが，高齢での成長速度は比較的速くなる傾向が認められる．太平洋沿岸では，神奈川県の相模湾で最も成長が速く，宮崎，千葉がこれに次いでいる．岩手や青森県太平洋岸の北方海域では

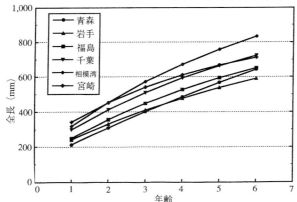

図1・6 太平洋沿岸各地における成長比較（雌）
青森[31]；岩手[3]；福島[3]；千葉[32]；相模湾[33]；宮崎[5]

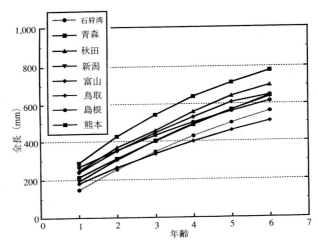

図 1・7 対馬暖流域各地における成長比較（雌）
石狩湾[1]；青森[27]；秋田[1]；新潟[39]；富山[1]；鳥取[28]；島根[1]；熊本[5]

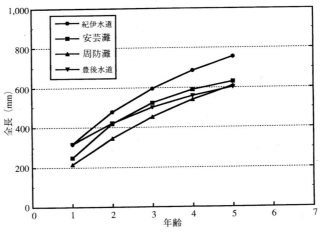

図 1・8 瀬戸内海の各地における成長比較（雌）
紀伊水道[5]；安芸灘[5]；周防灘[5]；豊後水道[5]

成長が遅い．瀬戸内海では，紀伊水道で最も成長が速く，周防灘で最も遅い．雄では，いずれの海域においても雌の成長を下回り，三陸北部沿岸では 2 歳ではほとんど差がみられないが，3 歳では雌が 44 cm になるのに対し，雄では

42 cm，4歳では雌が 50 cm，雄が 44 cm，5歳では雌 56 cm，雄 51 cm となり，差が大きくなる[31]．

寿命についての情報は少ないが，青森県北部ではこれまでに実測した最大の全長の個体を調査し，雌では 101.5 cm で 12 歳，雄では 84.5 cm で 16 歳と推定された．その他にも全長 110 mm を越す個体が記録されており，雌の 14 歳と推定されている[27]．漁獲物の組成からみると，北方の冷水海域の方が南方の温暖海域よりも高齢魚が多く，寿命が長いと推測される．

同一海域において，成長速度の異なる群が存在する可能性が報告されている．日本海の佐渡島の真野湾周辺では，やや赤味を帯びてよく肥満した来遊群（大型群）と白っぽい比較的細身の地付群が存在する可能性がある[34]．このように，同一海域内においても，移動様式の異なる群れが存在し，異なる成長を示す可能性が推測される．

### 1・5 成 熟

本種の成熟年齢・サイズにも地理的な差がみられる．成熟年齢は，雄では海域によって 1 歳から 3 歳と，かなりの幅が認められる．石狩湾，仙台湾，若狭湾では 3 歳であるが，他の海域ではほとんど 2 歳で成熟する．雌の成熟開始年齢は 2 歳から 4 歳である．九州沿岸など南方の海域では 2 歳で成熟するが，他のほとんどの海域では 3 歳で成熟する（図 1・9）．このように，成熟年齢は，雄では内湾部では若干遅いという特徴が認められるが，ほぼ 2 歳であり，南北の海域間ではほとんど差がみられない．一方，雌では，九州沿岸

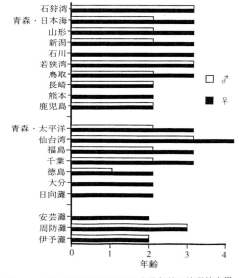

図 1・9 日本周辺海域における成熟年齢の地理的変異
石狩湾[1]；青森（日本海）[27]；山形[16]；新潟[39]；石川[1]；若狭湾[13]；鳥取[1]；長崎[29]；熊本[5]；鹿児島[30]；青森（太平洋）[31]；仙台湾[25]；福島[3]；千葉[26]；徳島[5]；大分[5]；日向灘[5]；安芸灘[5]；周防灘[5]；伊予灘[5]

などの海域では2歳，北海道や本州沿岸では3歳であり，北と南では約1歳の海域間差がみられる．成熟サイズは，雄では全長300 mmから413 mmであり，南北による差は顕著ではない．雌では全長336 mmから510 mmの広い範囲にあるが，新潟できわめて小型で成熟する以外はほとんどの海域で400 mm台で成熟しており，南北による海域間差は顕著ではない（図1・10）．

成熟年齢およびサイズを組み合わせると，雄では同じように300 mm前後で成熟しているにもかかわらず，石狩湾では3歳，福島や伊予灘では3歳，大分では1歳になっており，成長速度の違いにより，成熟サイズに達する年数の違いが生じていると考えられる．雌においても成長速度の違いにより，成熟までの期間に差が生じていると判断され，成熟サイズは海域間でそれほど大きな差は無いと判断できる．

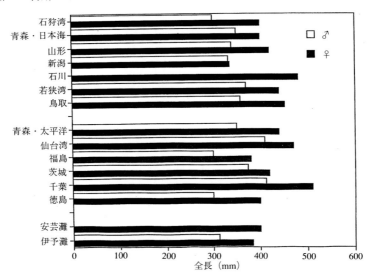

図1・10　日本周辺海域における成熟サイズの地理的変異（出典は図1・9と同じ）

## 1・6　産卵数

産卵数に関する情報はかなり多くあるが，孕卵数を示したものがほとんどであり，年間産卵数や生涯産卵数を推定できるデータは少ない．とりあえず孕卵数についての情報を整理すると，新潟沿岸では，全長40 cmで138万粒，50

cm で 156 万粒，60 cm で 184 万粒，70 cm で 278 万粒となっている[14]．若狭湾では，35 cm で 18 万粒，45 cm で 35 万粒，55 cm で 57 万粒，70 cm で 130 万粒であり*，新潟に比べて少ない．各海域における孕卵数を比較すると，全長と孕卵数の関係は図 1・11 のようになる．同一サイズにおける孕卵数は，仙台湾で最も少なく，次いで若狭湾が少ない．愛媛で最も多く，石狩湾，福島，新潟，徳島などがこれに次いでいる．年齢と孕卵数の関係は図 1・12 に示した．3 歳における孕卵数は，石狩湾で 89 万粒，新潟で 138 万粒，若狭湾で 35 万粒，愛媛で 193 万粒で，海域間差は大きい．6 歳時になるとその差はさらに拡大し，それぞれ 209 万粒，278 万粒，130 万粒，746 万粒となる．このように，同一年齢時における孕卵数は，愛媛産のものが特に多く，若狭湾産が最も少ない．

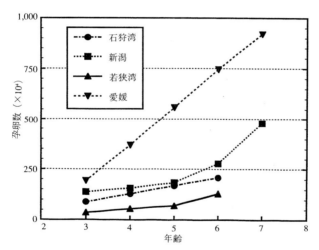

図 1・11　全長と孕卵数の関係の地理的比較
石狩湾[1]；新潟[39]；若狭湾（南，未発表）；愛媛[5]

小澤ら[36] は，成熟魚の卵巣における吸水卵が占める割合のデータを用いて産卵回数を推定し，バッチ産卵数との積から年間総産卵数を推定した．その結果，九州南西海域産ヒラメの年間総産卵数は，1 歳で 10 万粒，2 歳で 341 万粒，3 歳以上で 1,365 万粒となった．この値は，孕卵数に比べてかなり大きな値であ

───────────
*　南（未発表）

り，一産卵期当たりの産卵数は，ヒラメが多回産卵魚であることから，孕卵数からの産卵数推定法ではかなり過少な評価となる可能性がある．個別に飼育した1尾ごとの雌親魚の産卵を観察し，一産卵期間における1個体ごとの産卵頻度と産卵数を調べた結果によれば，各個体とも約3か月にわたって産卵が継続され，その間の産卵頻度は66～88％の間にあり，比較的長い間毎日連続して産卵が行われ，4歳の雌親魚は一産卵期に約800万粒から1,150万粒の卵を産卵した[37]．この結果は，先の孕卵数と比較すると，愛媛県における結果を除いていずれの海域における結果よりもかなり多く，やはり孕卵数による産卵数の推定は過少な評価である可能性が高い．

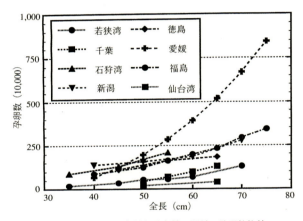

図1・12 年齢と孕卵数の関係の地理的比較
若狭湾（南，未発表）；千葉[26]；石狩湾[1]；新潟[39]；徳島[5]；愛媛[5]；福島[3]；仙台湾[25]

## 1・7 食 性

ヒラメは異体類の中でも特に高位の栄養段階に属し，成魚は魚食性である．稚魚期にはアミ類が主要な餌生物であるが，成長するにつれて魚類が主要な餌生物に変化する．アミ類から魚類へ餌生物が転換するサイズは，若狭湾では8cmぐらいであり，初期にはハゼ類やカタクチイワシのシラス期の個体を摂食している．鳥取沿岸では4cm以上になるとシラス期の個体を摂食するようになる[38]．新潟沿岸では13cm以上でカタクチイワシのシラス期が主要な餌生物に変化する[39]．瀬戸内海の伊予灘では，5cm付近が魚食性への転換時期で，

紀伊水道では 10 cm 前後である[5]．瀬戸内海の各海域を比較すると，開放的な海域である日向灘，西薩海域，紀伊水道では全長 10 cm，閉鎖型海域の八代海，伊予灘では 5〜7 cm と比較的小型で食性の転換が起こっている[5]．

　これらの結果から，本種の餌生物のアミ類から魚類シラス期への転換は，海域によりかなり差があり，餌生物環境の違いが食性に反映しているものと思われる．天然の稚魚ではないが，東京湾に人工種苗を放流した後，それらの摂餌の状況を調査した結果によると，放流海域にはヒラメ稚魚の餌生物であるアミ類はきわめて少なく，全長 4.5 cm 以上の個体は，ハゼ類の稚魚を主に摂食しており，成長速度は他海域よりも速い[40]．このことから，4〜5 cm に成長したヒラメ稚魚では必ずしもアミ類が不可欠であるわけではなく，かなり小さいサイズのうちから魚食性に転換する可能性があり，海域の餌生物分布の条件により速い時期での魚食性の達成がその後の成長を速める可能性が示唆されている．

　成魚の餌生物は，カタクチイワシ，ヒメジ，ネズミゴチなどの小型の魚類であり，ヒラメの小型の個体も餌生物になっている[38]．

　なお，産卵期の雌親魚の空胃率は高い[24]ことから，産卵期には雌親魚の摂餌量は低下するものと思われる．

## §2．生活史特性の多様性

　これまでに，いくつかの生活史特性について述べたように，ヒラメは産卵期，成長速度，成熟年齢，寿命，孕卵数，食性などの生活史特性においてきわめて変異に富む魚種である．それらの変異を生じさせている要因には，水温，餌生物の種組成や分布密度，ヒラメの分布密度，競合種の存在など，多様なものが考えられるが，特に，産卵後の水温変化は海域によりかなり異なり（図 1·3），このことがその後の成長速度，特に満 1 歳時のサイズの差を生じさせていると推測される．また，年間に経験する積算水温は海域によって異なる可能性が高く，北方冷水域に生息しているヒラメでは低速度で成長し，長い寿命を達成する傾向がある．このことは，0 歳時のみならず，1 歳以降においても生息域における環境条件が北方と南方で異なり，生涯にわたり影響を及ぼしている可能性を示唆している．

　孕卵数は，年間産卵数を推定するには必ずしも適していないことを先に述べ

た．年間産卵数ないしは生涯産卵数についての情報が整備されていない現状を考慮して産卵数についての考察を行うと，北方の海域では，成熟年齢が南方の海域に比べて 1〜2 年遅いが寿命はかなり長いので，産卵回数（年数）は多くなる．孕卵数はサイズ依存的に多くなるので，生涯産卵数は，北方の海域の方が多くなると推定される．しかし，産卵期の長さは，南の海域の方が相対的に長く，産卵頻度が同じであると仮定すると，一産卵期当たりの産卵数は南の海域の方が多くなると推定される．したがって，北と南の海域でどちらが生涯産卵数が多いかについては，現段階では判定できない．

これまでに記したように，ヒラメの生活史特性はきわめて変異に富む．それらの変異には，緯度的に傾向（クライン）をもつもの（産卵期，成長，成熟など），外洋と内湾など地形的環境特性を反映したと考えられるもの（成長，食性，孕卵数など），生活史における回遊パターンの違いなどが介在していると考えられるもの（成長，成熟など）などが認められ，変異の形勢要因は多様である．

## §3. 今後の課題

ヒラメの生活史に関する研究成果はきわめて多く，生活史の全貌についてかなりの知見が整備されているといえよう．しかし，これまでに述べてきたように，本種の生活史特性は，分布が広い海域に及んでいることを反映して，地域差がきわめて顕著である．したがって，これらの複雑な生活史特性を把握するためにはさらに多くの研究が要求される．例えば，

mtDNA 等の解析，組織的な標識放流実験による集団の同定，
地先における群構造，地付個体群と回遊個体群の識別，
個体群ごとの形態形質・生態・生理的特性・遺伝的特性，
日本列島沿岸の主産卵場の精査，水温変動や産卵期の特定，
産卵数・バッチ産卵数・産卵頻度・年間総産卵数の推定，
成育場の環境要素，特に水温・塩分条件，餌生物の生産，
水温と代謝量や成長などの関係に関する実験的研究，

などが課題となる．

いずれにしても，地域による変異特性に着目した知見の収集と，変異を生じ

させている要因の特定についての現場調査と実験的研究が必要であろう.

　これら研究結果に基づいた，地理的変異を包括したヒラメの生活史の全貌を把握することがヒラメの生活史研究の到達目標であると筆者は考える.

## 文　献

1 ）平成 2～6 年度放流技術開発事業総括報告書資料編，日本海ブロックヒラメ班，（1995），北海道，1-28；秋田県，1-31；新潟県，1-48；鳥取県，1-42.

2 ）平成 2～6 年度放流技術開発事業総括報告書要約編，日本海ブロックヒラメ班，（1995），24pp.

3 ）平成 2～6 年度放流技術開発事業総括報告書資料編，太平洋ブロックヒラメ班，（1995），岩手県，1-27；福島県，1-29；茨城県，1-20；千葉県，1-30；神奈川県，1-30；静岡県，1-26；三重県，1-15.

4 ）平成 2～6 年度放流技術開発事業総括報告書要約編，太平洋ブロックヒラメ班，（1995），28pp.

5 ）平成 2～6 年度放流技術開発事業総括報告書資料編，瀬戸内・九州海域ブロックヒラメ班，（1995），広島県，1-31；山口県，1-28；徳島県，1-38；愛媛県，1-58；熊本県，1-28；大分県，1-56；宮崎県，1-70；鹿児島県，1-35.

6 ）平成 2～6 年度放流技術開発事業総括報告書要約編，瀬戸内・九州海域ブロックヒラメ班，（1995），69pp.

7 ）J. R. Norman : A Systematic Monograph of the Flatfishes（Heterosomata）vol. 1. Psettodidae, Bothidae, Pleuronectidae. Brit. Mus. Nat（Hist）.vii+450 pp.（1934）.

8 ）山洞　仁：日本水産学会東北支部会報，27，17-18（1976）.

9 ）石田　修・田中邦三・大場俊雄：千葉水試研報，40，37-58（1980）.

10）岡田立三郎：東海・黄海における底魚資源の研究，4，32-49（1957）.

11）落合　明・田中　克：魚類学（下），恒星社厚生閣，1986，1075-1076.

12）竹野功璽・浜中雄一：京都府海洋センター研報，17，66-71（1994）.

13）清野精次・林　文三：昭和 50 年度京都府水試報告，1-12（1977）.

14）加藤和範・安沢　弥・梨田一也：新潟水試研報，12，42-59（1987）.

15）十三邦昭：第 9 回東北海区底魚研究チーム会議報告，4-22（1988）.

16）山洞　仁・樋田陽治：山形水試資料，112，1-45（1977）.

17）福田敏光・小野　豊・彦坂義英：北水試月報，28，1-9（1975）.

18）富永　修・馬淵正裕・石黒　等：水産増殖，42，593-600（1994）.

19）坂本喜三男・中道克夫：北水試月報，31，1-22（1974）.

20）渡部俊明：鳥取水試報告，26，77-83（1983）.

21）大東信一：魚と卵，9，8-11（1958）.

22）三上正一・田村真樹：北水試報告，6，33-55（1966）.

23）宮沢公雄・川上正治：千葉水試研報，35，5-15（1976）.

24）小林啓二：鳥取水試報告，15，64-79（1974）.

25）佐藤祐二：東北水研報，35，15-30（1975）.

26）石田　修・田中邦三：千葉水試研報，42，3-12（1984）.

27）小田切譲二・池内　仁・奈良賢静・小倉大二郎：昭和 59 年度青森水試事報，165-176（1985）.

28）篠田正俊：鳥取水試報告，15，80-87.（1974）

29）田代征秋・一丸俊雄：長崎水試報告，21，

37-49 (1995).

30) 小澤貴和・三浦信昭・鶴田和弘：日水誌，**61**, 505-509 (1995).

31) 北川大二・石戸芳男・桜井泰徳・福永辰廣：東北水研研報，**56**, 69-76 (1994).

32) 石田　修・田中邦三・庄司泰雅：千葉水試研報，**38**, 31-36 (1978).

33) 亀井正法・増沢　寿：神奈川水試資料，**217**, 64-69 (1974).

34) 新潟県栽培漁業センター：昭和58年度放流技術開発事業報告書（ヒラメ班），93-129 (1984).

35) 篠原基之・松村真作：岡山水試報告，**6**, 35-60 (1991).

36) 小澤貴和・黒岩博文・鶴田和弘：日水誌，**62**, 733-739 (1996).

37) 平野ルミ・山本栄一：鳥取水試報告，**33**, 18-28 (1992).

38) 梶川　晃：鳥取水試報告，**15**, 25-33 (1974).

39) 加藤和範：新潟水試研報，**12**, 27-41 (1987).

40) 中村良成：平成6年度水産工学推進全国会議講演集，13-17 (1994).

# 2. 初 期 生 態

乃 一 哲 久*

　ヒラメの初期生態が本格的に研究され始めたのは，1970 年代初期以降であり，この四半世紀の研究によって，本種の初期生態のかなりの部分が明らかにされてきた．この急速な展開は，1960 年代後半にヒラメの種苗生産技術[1] が確立され，本種が栽培漁業や資源培養型漁業の対象種として一躍脚光を浴びるようになったことによる．これらの事業において，初期生態は，資源培養技術の開発や向上のための基礎的知見として重要視され，これが研究の進展につながった．

　本章では，これまでに得られた知見を整理し，ヒラメの初期生態を卵期，浮遊仔魚期，着底仔魚期，底生稚魚期の 4 期に分けて紹介する．

## §1. 卵 期

　ヒラメは分離浮性卵として産まれ，卵は潮流などによって受動的に分散させられる．このため，卵期は偶然性に左右されるところが大きく，好適な環境へと移送されたものは順調に発育するであろうが，不適な環境に移送されたものは死滅の一途をたどることが考えられる．しかし，卵期の生態に関する知見は少なく，分布，分散過程，減耗などは全く解明されていない．これは，ヒラメ卵が他種卵との有効な識別形質を有しないことに最大の原因がある．ここでは，ヒラメの産卵について簡単に記すとともに，卵期の生態研究の現状について述べる．

### 1・1　産卵および卵の特徴

　ヒラメの産卵期は，南日本では冬から春の約 3 か月間[2,3]，北日本では春から夏の約 2 か月間で[4]，北日本の方が南日本よりやや短い．この時期には，水深数 10 m の海域に漁場が形成されることから，産卵はそのような水深帯で行われるものと考えられる．本種の産卵は，個体群レベルでは期間中ほぼ毎日行

---

* 千葉県立中央博物館

われるが[5, 6]，個体レベルでは毎日ないしは数日に 1 回の割合で行われる[7, 8]．産卵周期や産卵量は魚体の大きさによって異なり，全長約 50 cm の個体では，2 日に 1 回の割合で，約 5 万粒の卵を産む[7]（第 1 章参照）．

卵は 1 個の油球を備えた直径約 0.9 mm の分離浮性卵であり，囲卵腔が狭く，卵黄や卵膜の表面に特殊な構造はみられない[9]．卵発生は水温 10～20℃，塩分 26～50‰の範囲で正常に進行し，最適値はそれぞれ 15℃，34‰[10]．孵化時間は，10℃では約 165 時間，20℃では約 33 時間である[10]．

## 1・2　卵期の生態研究の現状

ヒラメの卵期の生態については，以下の孵化に関する 2 つの知見があるにすぎない．桑原・鈴木[11]は，孵化後間もない仔魚が水深 25 m 付近に比較的高密度に分布することから，卵はそのような水深帯で孵化すると推測している．また，Noichi *et al.*[5]は，着底仔稚魚の耳石日周輪を用いて孵化日を推定し，孵化のピークが大潮と対応していることを報告している．しかし，ヒラメ浮遊期仔魚は日周期と対応した鉛直移動[12]を行うことが知られており，この点において前者には検討の余地がある．また，後者の推定は，浮遊仔魚期についての情報が不確かであるため，産卵の実態を如実に反映しているとは限らない．

ヒラメは小卵多産型の産卵生態を有する．したがって，産卵期に漁場が形成されるような海域には，多量のヒラメ卵が浮遊していると考えられる．それにもかかわらず，卵期の研究が遅れている背景には，卵の査定の困難さがある．本種の卵は，天然海域において最も普通にみられるタイプの魚卵であり，生卵でも査定は難しく，固定卵ではほとんど不可能とされている[9]．したがって，サンプルを船上でホルマリン固定する一般的な卵稚仔調査の方法では，その存在を確認することができない．

ヒラメ卵を査定するには，現状では，ネットサンプルを生かして持ち帰り，孵化仔魚を得る方法が最も有効と考えられる．しかし，この方法は多大な労力を必要とするため，ヒラメ卵の簡便な査定方法の確立が切望されている．ヒラメ卵の査定法については，現在，mtDNA を用いた識別法*が開発されつつある．この方法が確立すれば，卵の査定は簡便かつ正確に行えるようになり，卵期の生態はかなりの部分が明らかにされると思われる．

---

　* 石黒ら，平成 8 年度日本水産学会春季大会講演要旨集，p. 84.

## §2. 浮遊仔魚期

ヒラメは浮遊仔魚期の後半に変態を開始し，変態には，浮遊生活への適応と底生生活に向けての体の再編成という二元的な意義がある[13]．この時期の仔魚は，他種とも比較的簡単に識別が行え，まとまった数の標本が得られることから，生態についても様々な知見が集積されつつある．それらによって，ヒラメの浮遊仔魚期は，受動的な分散から脱却し，能動的な移動によって生活空間を集合化させる時期であることが明らかになっている[13, 14]．ここでは，ヒラメの変態について簡単に記すとともに，変態期仔魚にみられる接岸移動と食性の変化について述べる．

### 2・1 変 態

ヒラメの変態は，背鰭前部の5本の鰭条が伸張した後に収縮することと，右眼が体左側へ移動することによって特徴つけられる[14, 15]．背鰭鰭条は，比較的早期の仔魚において伸長し始め（図2・1，C），脊索の末端が上屈し，腹鰭の原器が出現した仔魚において相対的に最も長くなる（図2・1，E）．この時期は，右眼が上方へと移動し始める時期でもあり，右眼はこの後背中線を越え，体左側に達して移動を終える．これと期を同じくして，伸長していた背鰭鰭条も収縮し，底生生活のための体制が整う（図2・1，I）．

背鰭鰭条の伸長は体長5 mm前後において，右眼の移動は体長8 mm前後において始まる．しかし，変態が始まる体長やその進行速度にはかなりの個体差があり，これは成長とともに顕著になる[14, 16, 17]．このため，変態が進行した個体では，同一発育ステージにおける体長差が最大約5 mmにも達する[14]．このような変異は，水温，栄養条件，遺伝など様々な要因[18]が複雑に関連して生じると考えられている．中でも水温はその筆頭に上げられ，低水温下では長い日数をかけ大きな体長で，高水温下では短い日数と小さな体長で変態が進行する[19, 20]．

ヒラメの変態は，背鰭鰭条が伸長するという点においては特異であるが，片方の眼が体の反対側へ移動するという点においては典型的なカレイ型変態である[15]．沖山[15]は，カレイ目魚類共通の変化である目の移動を基準とし，ヒラメの変態期を定義した．南[14]は，本種の後期仔魚から稚魚をA〜Iの9つの発育ステージに分け，A〜D，E・F，G・H，Iの各ステージは沖山[15]が定義し

た前変態期，変態前期，変態中期，変態後期に相当するとした（図 2・1）．この発育ステージと変態期の区分は，ヒラメの仔稚魚期における生態上の変化ともよく適合しており，本種の初期生態を理解する上で有効な区分法と思われる．また，多くの研究者に採用されており，本稿でも以降ではこれを用いる．

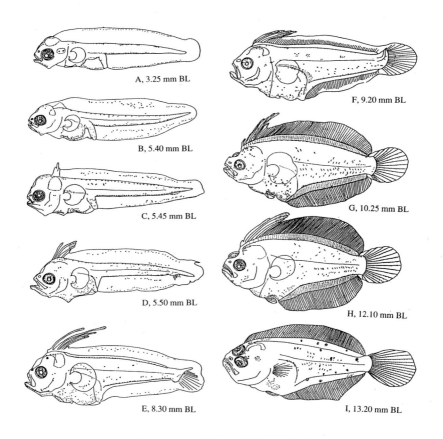

図 2・1　ヒラメ仔稚魚の形態発育（南 [14]）．

## 2・2　接岸移動

　ヒラメ浮遊期仔魚は，日本海側においては対馬暖流の陸域側に広範囲に分布し [21]，岸から 70 km の地点まで出現が確認されている [22]．仔魚はこのような

範囲に均一には分布しておらず，五島灘北部海域[2]や八代海[23]では，採集地点や採集時期によって仔魚の分布密度に極端な差があることが報告されている．仔魚の分布に片寄りが生じる一因は，産卵がある程度限定された海域において行われ，そこを中心に卵と発育初期の仔魚が分散するためと考えられる．また，これは，仔魚が成長とともに分布域を変化させることとも関連する．

　ヒラメ仔魚は，発育初期には沖合から採集されるのに対し，発育が進んだ個体は岸の近くや内湾域から採集される[14]．このことは，浮遊期仔魚が発育とともに接岸移動を行っていることを意味する．接岸移動は変態前期の仔魚において始まり，仔魚は，変態後期には沿岸のかなり浅い場所に到達する[12, 14]．

　ヒラメ仔魚は成長とともに遊泳力を増す[17, 23, 24]．しかし，仔魚の遊泳力は絶対的に乏しく，全長約 10 mm の変態期の個体でも，遊泳速度はわずか 4 cm/秒[23]，遊泳持続時間は 4〜5 分[24]にすぎない．このことから，仔魚が長距離の接岸移動を可能にする背景には，仔魚の移動能力を増幅させる特別な機構が存在すると推測されている．これについては，平戸島志々伎湾湾口部において調査を行った Tanaka et al.[12] が以下のような興味深い仮説を提唱している．

　Tanaka et al.[12] は，まずヒラメ仔魚の分布密度を表・中・底層で調査し，仔魚は日中には主に中底層に分布するが，夜間には表層にも分布するようになることを明らかにした（図 2・2）．そして，仔魚の分布密度は日周期と対応して速やかに変化することから，遊泳能力が乏しい仔魚でも表層と底層の間は，比較的短時間に移動するものと考えた．次に，潮汐流によって運ばれる仔魚を表層と底層で比較し，変態期の仔魚では表層において上げ潮の流れによって運ばれる個体が多いことを明らかにした（図 2・3）．一般に，上げ潮は向岸性の，

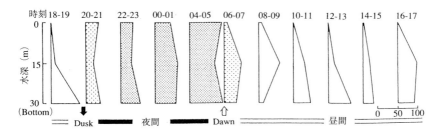

図 2・2　平戸島志々伎湾湾口部におけるヒラメ浮遊期仔魚の鉛直分布の日周変化（Tanaka et al.[12]）

下げ潮は離岸性の表層流を伴う．これらのことから，Tanaka et al.[12] は，変態期の仔魚は，鉛直移動によって上げ潮時の向岸流を選択的に利用し，接岸移動を行うものと考えた．そして，潮汐流は大潮の前後において発達することから，仔魚の多くはこの時の流れを利用して成育場へ加入すると述べている．

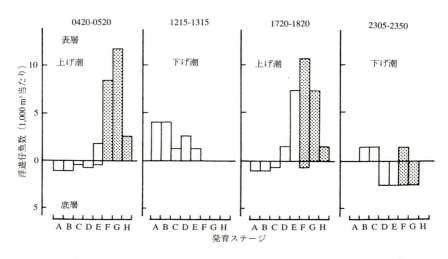

図2・3　平戸島志々伎湾湾口部における潮汐流によるヒラメ浮遊期仔魚の輸送（Tanaka et al.[12]）

ヒラメ仔魚の接岸移動については，若狭湾西部海域で調査を行った清野ら[25] も Tanaka et al.[12] とほぼ同様の考察をしている．また，清野ら[25] は鉛直移動の成因についても言及しており，ヒラメ仔魚の鉛直移動は潮汐流によって表層水の塩分が変化することに起因すると述べている．しかし，潮汐流の強さや流れの方向は，地域や地形によって異なる．このため，場所によっては，Tanaka et al.[12] や清野ら[25] の仮説が成立しない場合もあり得る．このことは，玄海灘筑前海域[26] や平戸島志々伎湾[12] では，仔魚の成育場への加入は主に大潮日に起きると考えられているのに対し，長崎県柳浜[27] では小潮日に着底個体が多くなることからも推定される．遊泳能力が乏しい仔魚が大規模な接岸移動を行える根底には，上記の仮説のように，能動的な移動と受動的な輸送が有機的に結合した機構が存在するものと思われるが，これには生育場の立地条件を考慮したさらに詳しい検討が必要である．

## 2・3 食　　性

　ヒラメ浮遊期仔魚の食性については，若狭湾西部海域において調査を行った
3 つの報告[11, 14, 28]があり，それらはヒラメ仔魚は主に昼間に摂餌を行い，成長
とともに餌の種類や大きさを変化させることを明らかにしている．

　表 2・1 にはヒラメ浮遊期仔魚の消化管内容物組成を示した．仔魚は，発育初
期には尾虫類とともにかいあし類のノープリウス幼生や無脊椎動物の卵なども
よく捕食している．しかし，背鰭の鰭条が伸張し始める C ステージ以降では，
消化管内容物の大半が尾虫類で占められるようになり，変態期の個体では 90
％近くに達する．尾虫類が変態期のヒラメ仔魚にとって重要な餌となっている
ことは，桑原・鈴木[11]や南[14]も指摘している．また，このような現象は，九
州西岸でも確認されており（乃一，未発表），海域を越えた種としての特性と
思われる．

表 2・1　若狭湾西部海域におけるヒラメ浮遊期仔魚の消化管内容物組成（%）
（Ikewaki and Tanaka[28]から作製）

| 餌生物 | 仔魚の発育ステージ | | | | | |
| --- | --- | --- | --- | --- | --- | --- |
| | A | B | C | D | E | F |
| 尾虫類 spp. | 26.2 | 64.2 | 67.2 | 89.9 | 75.6 | 86.4 |
| かいあし類 spp. | | | | | | |
| 　ノープリウス | 44.3 | 21.4 | 22.9 | 6.5 | 17.1 | 4.5 |
| 　コペポダイト | - | - | 3.2 | - | - | 9.0 |
| 無脊椎動物卵 | 11.5 | 5.3 | 1.6 | 2.2 | - | - |
| 繊毛虫類 spp. | 3.3 | 1.5 | - | - | - | - |
| 二枚貝幼生 | 1.6 | - | - | - | - | - |
| 不明 | 13.1 | 7.6 | 8.2 | 2.2 | 7.3 | - |
| 調査個体数 | 210 | 110 | 28 | 20 | 19 | 6 |
| 摂餌率（%） | 25 | 65 | 93 | 95 | 90 | 100 |

　ヒラメ仔魚は，成長とともにより大きな餌を捕食するようになる[11, 28]．した
がって，成長に伴う捕食種の変化は，餌料の大きさの変化でもある[28]．このよ
うな餌生物の転換は，エネルギー収支の面からも効率的な摂餌生態と思われる．
他方，仔魚が特定の餌生物に依存した食性を示すということは，餌生物の変動
→飢餓→減耗という図式を想像させる．事実，尾虫類をよく捕食している場合
には摂餌率が高い[28]のに対し，尾虫類をあまり捕食していない場合には摂餌率
が低い[11, 14]．このようなリスクを背負ってまでヒラメが尾虫類に依存するのに
は，栄養要求などの面で何か特別な理由があるのかもしれない．しかし，尾虫

類の栄養価や浮遊期ヒラメの減耗機構はまだ充分に研究されておらず，この問題への回答は今後の研究に委ねたい．

### §3. 着底仔魚期

ヒラメは仔魚期の後期に着底を行う[14]．これによって，仔魚は，生活の場を海底上に移すとともに，分散から集合へと変化させてきた生活様式を一気に集中へと変化させる．しかし，この時期の仔魚はまだ変態が完了しておらず，形態的には浮遊期後期の仔魚と大差がない．このため，条件によっては，再び浮遊生活へと逆戻りすることが可能でる[29, 30]．ヒラメにとって着底仔魚期は，浮遊的性格を保持しつつ底生生活への順応をはかっている時期であり，完全な底生生活への移行はこの後に起きる．ここでは，着底仔魚の形態と着底過程について述べる．

### 3・1 着底仔魚の形態

ヒラメの着底は，右眼が背中線付近にまで移動した仔魚（図2・1，G・H）によって行わる[14]．このため，着底直後の個体では，まだ変態は完了しておらず，背鰭鰭条も伸長したままである．仔魚は着底後の2〜4日間をこのような状態で過ごし[31]，変態はこの後に完了する．この時期の体長は 10 mm 前後であるが，これには，先にも記したように個体差が大きく，また，季節的にも変異がみられる．

表2・2は，着底期のヒラメ仔魚（H ステージ）の体長と孵化後日数を，発生群間で比較したものである．ヒラメの着底体長は，2 月発生群では 11〜12 mm であるが，これは季節の進行とともに小さくなり，4 月発生群では 9 mm 台にまで小型化する．これらの仔魚では，脊椎骨の硬骨化にも違いがみられ，発生時期が早い個体は脊椎骨が充分に硬骨化した状態で着底するのに対し，遅い個体は硬骨化が不十分な状態で着底する[31]．発生時期の違いによる形態上の差は，基本的には着底までに要し

表2・2 長崎県柳浜におけるヒラメの着底体長と日齢の発生群間での比較（Noichi et al.[31] から作成）

| 発生群 | 体長（mm） | 孵化後日数 |
|---|---|---|
| 1990年 | | |
| 2月発生群 | 12.0±0.5 | 25.2±2.3 |
| 3月発生群 | 10.2±0.6 | 24.0±1.7 |
| 4月発生群 | 9.9±0.5 | 20.4±2.3 |
| 1991年 | | |
| 2月発生群 | 11.2±0.7 | 27.0±2.8 |
| 3月発生群 | 10.2±0.6 | 25.0±2.8 |
| 4月発生群 | 9.5±0.6 | 22.1±1.2 |

2. 初期生態　33

た日数と関係しており，2 月発生群では着底までに約 26 日を要しているのに対し，4 月発生群では約 21 日と，5 日ほど短縮されている（表2・2）．ヒラメの個体発生時期は水温の上昇期に相当し，このような変異は，直接的には成育水温の違い[19]が原因となって起きるものと思われる．

ヒラメでは，仔稚魚期における飢餓耐性は大型個体ほど高いことが知られている[18]．また，魚類の遊泳力は，脊椎骨と体側筋によって支えられている[32]．これらのことから，小さな体長と脊椎骨が未発達な状態で着底する後期発生群は，早期発生群に比べ，着底時の飢餓耐性や遊泳力が劣るものと思われる．他方，後期発生群では着底までの日数が短縮されており，浮遊期間における生き残りの可能性は，早期発生群よりも高いものと考えられている[18]．また，ヒラメの餌となる生物にも高温化に伴う小型化現象が知られており[18]，着底体長の季節変化には適応的な意義がみいだされる．しかし，着底体長の変異がヒラメの生態や生残に及ぼす影響については，まだ充分な研究が行われておらず，いずれも推測の域を出ていない．この問題は，年級群の形成機構や種苗放流を考える上で有益な基礎的知見になることが期待され，今後，重点的に研究する必要がある．

### 3・2　着底過程

接岸移動によって沿岸域に到達したヒラメ仔魚は，比較的狭い範囲に集中的に着底し，そこを生育場とする（表2・3）．成育場は，九州西岸では砂浜海岸の大潮干潮線付近に形成され[27, 30, 37]，仔魚の密度は局所的に 18 / m² [38]にも達する．他方，日本海の沿岸では，新潟県で 10 m [33]，鳥取県で 5〜10 m [35]，山口県で 3〜5 m [36]付近に成育場が形成され，仔魚の密度は九州西岸ほど高くない．これらの場所は，ヒラメ仔魚の分布密度や水深には違いがみられるが，底質が砂であること，塩分濃度が比較的低いことなど，物理環境にはかなりの共通性がある[34]．

ヒラメ仔魚は変態中期に生育場に加入

表2・3　対馬暖流域におけるヒラメ着底仔稚魚の成育場

| 場所（県） | 調査範囲(m) | 生育場(m) | 出典 |
|---|---|---|---|
| 五十嵐浜（新潟） | 2〜15 | 10 | 興石ら[33] |
| 若狭湾（京都） | 1〜15 | 3〜7 | 南[34] |
| 山陰（鳥取） | 5〜50 | 5〜10 | 野沢[35] |
| 油谷湾（山口） | 1〜15 | 3〜5 | 小嶋ら[36] |
| 志々伎湾（長崎） | 0〜0.6* | 0.6* | 藤井ら[30] |
| 柳浜（長崎） | 0〜3.5* | 1.0* | Amarullah et al.[27] |
| 八代海（熊本） | 0〜9.0* | 0.7* | Subiyanto et al.[37] |

＊干潮時

し[27,30,37]．この時期の仔魚の中には浮遊期と着底期の個体が存在する[14]．図2・4には，成育場におけるヒラメ仔魚の現存量と潮汐周期との関係を示した．変態完了個体の現存量は，潮汐周期や日周期とは無関係にほぼ一定の値を示すのに対し，変態期仔魚の現存量は，干潮時には増大し，逆に満潮時には減少する．これは，変態完了個体は底生生活に移行しており恒常的に着地しているのに対し，変態期仔魚は，完全には底生生活に移行しておらず，下げ潮時には着地していても，上げ潮時には再び浮上することを意味している[30]．このことから，ヒラメ仔魚は，成育場に加入すると同時に底生生活に移行するのではなく，着地と浮上を繰り返す着底過程を経て，徐々に底生生活へと移行するものと考えられる．

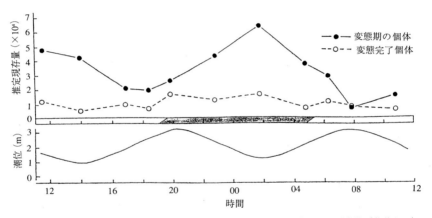

図2・4　平戸島志々伎湾の生育場におけるヒラメ着底仔稚魚の現存量の日周変化（藤井ら[30]）

着底直後のヒラメには空胃の個体が多い[39]．このような個体は，着底後2日以内であれば，再び浮遊生活に逆戻りすることが可能である[29]．このことは，餌料条件のよい新たな成育場を探索する上で重要な意味をもつ．そして，このようなことが可能になるのは，ヒラメが変態期に着底を行い，着底直後の個体が浮遊期の名残を止めていることによる．これによって，ヒラメ仔魚はより好適な成育場を選択することができ，結果として，限られた海域に着底仔魚の高密度域が形成されるのかもしれない．

## §4. 底生稚魚期

ヒラメでは変態の完了とほぼ同時に胸鰭鰭条が分化し[17],仔魚から稚魚に移行する(図2·1,I)[2].この直後には鰓耙の発達[15],鱗の形成[15,16],有眼側の有色化[40]なども進み,これによって,本種は底生生活に適応した形態となる.これに伴い,稚魚は潜砂[41]や遊泳[14]においても成魚に近い行動を行うようになり,完全な底生生活に移行する.稚魚は,この後の数か月間を浅海の生育場で過ごし,成長とともに,深い水深帯へと移動,分散していく[35,42].ヒラメにとって,稚魚期の初期は生活様式の一大転換期にあたり,初期生活史の中では最も生態的な知見が充実している.ここでは,稚魚期に起きる大規模な減耗と食性の変化に伴う成育場からの移出について述べる.

### 4·1 減 耗

着底直後のヒラメ個体群には,急激な個体数の減少が起きることが知られている(図2·5)[27,29,37].このような現象は,ヒラメの成育場が沿岸の極めて浅い場所に形成される九州西岸において顕著にみられ,稚魚の日間成長率を用いた推定[29]では,個体数の減少は着底後約1週間の間に起きると考えられている.この原因としては,成育場からの移出と減耗の2つが考えられる.しかし,個

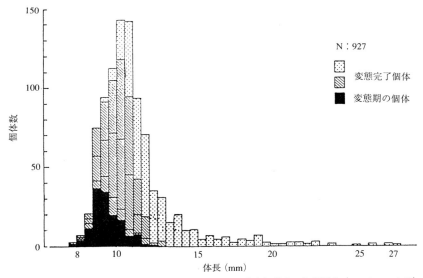

図2·5 平戸島志々伎湾の生育場から採集されたヒラメ着底仔稚魚の体長組成(Tanaka et al.[29])

体数の減少は体長 11～15 mm の稚魚において起きており（図2・5），ヒラメが浮遊生活に逆戻りし，成育場から移出した可能性は少ない．また，Subiyanto et al.[37] は，水深 9 m までの範囲を調査し，問題となっている大きさのヒラメが着底後に沖へと移動した可能性は低いことを報告している．これらのことから，着底直後の個体群にみられる個体数の減少は，減耗と断定してよいものと思われる．

ヒラメ稚魚の減耗要因としては，水温の変化や波浪によるストレス，疾病や飢餓，被食などが指摘されている[22, 43]．これらのうち，水温などの物理的要因や疾病による減耗は評価が難しく，未だ実証的な研究は行われていない．飢餓に関しても研究の現状は同様であるが，成育場における餌の量がヒラメの生残を左右することは当然のことであり，それを裏付けるデータは集積されつつある．そして，成長した稚魚が多数存在する成育場は，一般的に餌料環境が良好であることが報告されている[22, 37]．他方，被食に関しては，断片的なものも含め，知見が増えつつある．そして，減耗は，単一の要因によって起きるのではなく，いくつかの要因が複合することによって起き，減耗の最終的かつ直接的な要因は被食と考えられている[44]．

ヒラメでは，被食の危険性は，成育場の環境に十分適応していない個体において高い[12, 13]．このため，被食は，ヒラメが成育場に加入する時期には多発するが，その後ではみられなくなる[13]．ヒラメの被食は，魚類，甲殻類，棘皮動物などが捕食者となって起きることが明らかにされており[45~49]，特に，魚類に関する知見が多い．ヒラメ稚魚の捕食者となる魚類は，多様な分類群に属する 30 種以上が知られている[48]．これらの中には，シロギス，ヒメハゼ，クロダイなども含まれており，ヒラメ稚魚が高密度に分布する条件下では，魚食性の魚類だけではなく，雑食性やベントス食性の魚類も一時的にヒラメの捕食者となる[46]．また，被食は汀線付近に稚魚が濃縮される干潮時に集中して発生することが報告されており[47]，ヒラメ稚魚の被食が密度依存的に生じる可能性が示唆されている[2]．ヒラメ稚魚は，摂餌などのために，海底を離れた状態が最も魚類から狙われやすい[46]，このため，魚類によるヒラメの被食は，稚魚が摂餌を行う昼間に集中して起きる[47]．他方，甲殻類のエビジャコによるヒラメの被食は，夜間に高い頻度で発生し[49]，これは捕食者の摂餌生態の差を反映したも

のと考えられる.

　底生稚魚期初期における減耗は,初期減耗全体の中で大きな比重をもつ可能性が指摘されている[22].しかし,まだ減耗を定量的に評価できる段階には至っておらず,減耗の定量化ならびにそのための研究手法の開発が急務と考えられる.

### 4・2　食性の変化に伴う成育場からの移出

　ヒラメ稚魚の食性は,日本各地から報告されている[22,27,39,50~53].それらによると,稚魚は底生生活への移行とともに食性を一変し,初期にはアミ類を,後には魚類を捕食する.

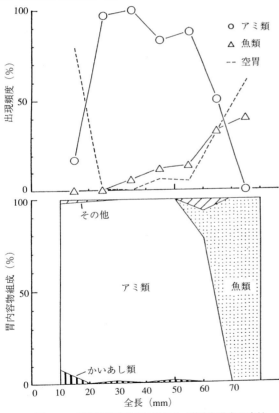

図2・6　長崎県沿岸におけるヒラメ着底仔稚魚の食性
（乃一,未発表）

　ヒラメ稚魚が捕食するアミ類の種類は海域によって異なり,新潟県,千葉県,茨城県では *Acanthomysis* 属が,福岡県,静岡県では *Neomysis* 属が,青森県では *Nipponomysis* 属などが主要な餌料となっている[50].魚類も同様で,福岡県[51]ではカタクチイワシ,ネズミゴチなどが,新潟県[52]ではカタクチイワシ,ハゼ科などが,千葉県[53]ではカタクチイワシ,ヒイラギ,コチ類などがヒラメ稚魚の餌料となる.なお,ヒラ

メ稚魚は，アミ類が少ない海域ではかいあし類や端脚類も捕食するが，このような海域では着底直後の個体は多く分布するにもかかわらず，成長した稚魚は少ないことが報告されている[22, 37]．

　図 2・6 には，長崎県沿岸での調査結果を示した（乃一，未発表）．ここでは，ヒラメ稚魚は全長 60 mm までは主にアミ類を捕食し，浮遊仔魚期に多食していた尾虫類は全く捕食していなかった．魚食性への転換は，全長 30 mm 前後の稚魚において始まり，50〜70 mm の間でアミ類と交代し，70 mm 以上の個体では胃内容物の全てが魚類となっていた．着底に伴う食性の変化は不連続的に生じる．このため，底生生活初期の個体には消化管が空のものが多く（図 2・6），これは，摂餌における底生生活への馴致の遅れと考えられている[39]．他方，魚食性への転換は連続的に起き，これは，浮遊期仔魚が尾虫類への依存を高めていく過程と同様に[28]，同一空間内での転換のため円滑に行われるものと考えられる．また，稚魚が捕食するアミ類は，初期には 2 mm 前後であるが，魚体の成長とともにより大きな個体へと変化する[50]．このような成長に伴う餌の大きさの変化にも，稚魚が速やかに魚食性へと移行するのを促す効果があるのかもしれない．

　ヒラメが魚食性に転換する時期には，沿岸域の浅い場所でのヒラメ稚魚の採集個体数が減少し，代わってやや深い場所での採集個体数が増加する[35, 42]．このことは，成育場からの移出には，魚食性への転換が重要な要因となっていることを示唆している．南[54] は，既存の知見を基に，稚魚の沖合への転移動が起きる時期や大きさを整理し，福岡県では 10 月に全長 120 mm で，山口県では 6 月に全長 50 mm で，新潟県では 8 月に全長 120〜130 mm で移動が起きると述べている．しかし，ヒラメの産卵期は南の海域では約 3 か月[5] に及ぶことから，同一年級群が同時期に同じ大きさになり，成育場から移出するとは考え難い．このため，南[54] が用いたデータは，後期発生群の移出時期と大きさを反映したものと思われる．したがって早期発生群は，もっと早い時期に魚食性への転換が起き，順次成育場から移出している可能性が高い．

　ヒラメは共食いをし[12, 45〜48]，これは体長差が 2 倍以上の個体間で起きる[13]．南[45] は，ヒラメが稚魚期の成育場を浅海域に形成することの戦略的意義を考察し，これには年級群間での共食いを防止する効果があると述べている．魚食性

への転換に伴う成育場からの移出にも同様の意義がみいだされ，こちらには年級群内での共食いを軽減する効果があるものと思われる．

　ヒラメが進化の過程で獲得した多産性は，初期生活史期における減耗の大きさを暗示している．したがって，ヒラメ資源の動態を把握するためには，発育初期における減耗機構を解明することが必要不可欠である．また，日本近海に生息するヒラメには，生態や形態が異なる幾つかの地域群が存在することが知られている[55]．このため，資源学的には，初期生態は各地域群について個別に解明される必要がある．さらに，その際には同一年級群を発生群に分けて検討することが重要と思われる．

# 文　献

1 ）原田輝雄・楳田　晋・村田　修・熊井英水・水野兼八郎：近大水研報，1，1-15（1965）．

2 ）後藤常夫・首藤宏幸・富山　実・田中克：日水誌，55，9-16（1989）．

3 ）I. Subiyanto, Hirata, and T. Senta : *Nippon Suisan Gakkaishi*, 58, 229-234 (1992).

4 ）三上正一・田村真樹：北水試報，6，33-55（1966）．

5 ）T. Noichi, T. Matsuo, and T. Senta : *Fish. Sci.*, 60, 369-372 (1994).

6 ）橋　邦夫・小倉大二郎・早川　豊・中西広義：栽培技研，9，41-46（1980）．

7 ）小澤貴和・黒岩博文・鶴田和弘：日水誌，62，733-739（1996）．

8 ）平野ルミ・山本栄一：鳥取水試報，33，18-28（1992）．

9 ）池田知司・水戸　敏：卵と孵化仔魚の検索．日本産稚魚図鑑，東海大学出版会，1988，pp.999-1083．

10）安永義暢：東海水研研報，81，151-169（1975）．

11）桑原昭彦・鈴木重喜：日水誌，48，1375-1381（1982）．

12）M. Tanaka, T. Goto, M. Tomiyama, H. Sudo, and M. Azuma : *Rapp. P.-v. Réun. Cons. int. Explor. Mer*, 191, 303-310 (1989).

13）乃一哲久：月刊海洋，27，753-760（1995）．

14）南　卓志：日水誌，48，1581-1588（1982）．

15）沖山宗雄：日水研報，17，1-12（1967）．

16）O. Fukuhara : *Bull. Japan. Soc. Sci. Fish.*, 52, 81-92 (1986).

17）高橋庸一：水産増殖，33，43-52（1985）．

18）田中　克・青海忠久・南　卓志：月刊海洋，27，745-752（1995）．

19）T. Seikai, J. B. Tanangonan, and M. Tanaka : *Bull. Japan. Soc. Sci. Fish.*, 52, 977-982 (1986).

20）J. B. Tanangonan, M. Tagawa, M. Tanaka and T. Hirano : *Nippon Suisan Gakkaishi*, 55, 485-490 (1989).

21）田中　克：水産増殖，38，390-391（1990）

22）輿石裕一：九州西岸および日本海域におけるヒラメ．魚類の初期減耗研究（田中克・渡辺良朗編），恒星社厚生閣，1994，pp.134-148．

23) 安永義暢：日水誌, **51**, 227-231（1985）.

24) 安永義暢：日水誌, **51**, 233-237（1985）.

25) 清野精次・坂野安正・浜中雄一：昭和50年度京都水試報告, 16-26（1977）.

26) 今林博道：日水誌, **46**, 419-426（1980）.

27) M. H. Amarullah, Subiyanto, T. Noichi, K.Shigemitsu, Y. Tamamoto, and T. Senta : *Bull. Fac. Fish. Nagasaki Univ.*, **70**, 7-12（1991）

28) Y. Ikewaki and M. Tanaka : *Nippon Suisan Gakkaishi*, **59**, 951-956（1993）.

29) M. Tanaka, T. Goto, M. Tomiyama and H. Sudo : *Neth. J. Sea Res*, **24**, 57-67（1989）.

30) 藤井徹生・首藤宏幸・畔田正格・田中克：日水誌, **55**, 17-23（1989）.

31) T. Noichi, T. Noichi, and T. Senta : *Fish. Sci.*, **63**,（1997）（in press）.

32) 松岡正信：運動器官. 魚類の初期発育（田中 克編）, 恒星社厚生閣, 1991, pp.21-35.

33) 輿石裕一・野口昌之・田中邦三：マリーンランチング計画プログレスレポート, ヒラメ・カレイ（1）, 西海区水産研究所, 1985, pp.11-24.

34) 南 卓志：海洋と生物, **9**, 408-414（1987）

35) 野沢正俊：鳥取水試報, **15**, 6-15（1974）.

36) 小嶋喜久雄・花渕信夫・大森迪夫・花渕靖子：マリーンランチング計画プログレスレポート, ヒラメ・カレイ（1）, 西海区水産研究所, 1985, pp.81-92.

37) Subiyanto, I. Hirata, and T. Senta : *Nippon Suisan Gakkaishi*, **59**, 1121-1128（1993）.

38) T. Senta, F. Sakamoto, T. Noichi, and T. kanbara : *Bull. Fac. Fish. Nagasaki Univ.*, **68**, 35-41（1990）.

39) 首藤宏幸・畔田正格・池本麗子：マリーンランチング計画プログレスレポート, ヒラメ・カレイ（1）, 西海区水産研究所, 1985, pp.25-30.

40) 沖山宗雄：日水研研報, **25**, 39-61（1974）

41) 反田 実：水産増殖, **36**, 21-25（1988）.

42) 野沢正俊：鳥取水試報, **15**, 16-19（1974）

43) 首藤宏幸・後藤常夫・池本麗子・富山実・畔田正格：西水研研報, **70**, 29-37（1992）.

44) 山下 洋：被食. 魚類の初期減耗研究（田中 克・渡辺良朗編）, 恒星社厚生閣, 東京, 1994, pp.60-71.

45) 南 卓志：日水研報, **36**, 39-47（1986）.

46) 乃一哲久・草野 誠・植木大輔・千田哲資：長大水研報, **73**, 1-6（1993）.

47) T. Noichi, M. Kusano, T. Kanbara, and T. Senta : *Nippon Suisan Gakkaishi*, **59**, 1851-1855（1993）.

48) 山下 洋・山本和稔・長洞幸夫・五十嵐和昭・石川 豊・佐久間修・山田秀秋・中本宣典：水産増殖, **41**, 497-505（1993）.

49) T. Seikai, I. Kinoshita, and M. Tanaka : *Nippon Suisan Gakkaishi*, **59**, 321-326（1993）.

50) 広田祐一・輿石裕一・長沼典子：日水誌, **56**, 201-206（1990）.

51) 今林博道：日水誌, **46**, 427-435（1980）.

52) 加藤和範：新潟水試研報, **12**, 27-41（1987）.

53) 石田 修・田中邦三・佐藤秀一・庄司泰雅：千葉水試研報, **36**, 23-31（1977）.

54) 南 卓志：海洋と生物, **11**, 449-453（1989）.

55) 山内皓平：ヒラメ. 水産生物有用形質の識別評価マニュアル, 日本水産資源保護協会, 1994, pp.95-130.

# 3. 集 団 構 造

## 西田　睦 [*1]・大河俊之 [*2]・藤井徹生 [*3]

　日本沿岸に広く分布するヒラメは，広域的な栽培漁業の重要な対象種であり，近年，人工種苗生産の技術の進展に伴って，人工種苗放流も全国で盛んに行われるようになった．しかし，放流種苗が加入する天然の集団の実態についての知見は乏しく，とくにその遺伝的構造については未だほとんど分かっていない．もし，天然集団に何らかの構造があるならば，各地域において放流種苗の遺伝的組成に関する十分な吟味が必要であるということになる．また，人工種苗はどうしても限られた数の親から作出されるため，遺伝的な単純化や偏りが起きやすいので，それが大量に放流された場合の天然集団への生態的・遺伝的影響の検討も必要となってくるが，その際にも，天然集団の遺伝的組成と構造についての基礎的知見が不可欠である．ここでは，1）まず，ここで問題とする「集団構造」とは何を指すのかを簡単に整理し，2）ついで，ヒラメの集団構造の推定に関わる諸情報を，近年本格化した DNA 分析を手がかりにした遺伝的解析結果を含めて見渡し，3）最後に，現時点でそこから導き出される集団構造モデルをまとめる．

### §1. 集団構造とは

　まず，「集団構造」ということで本稿において何を問題にしようとしているかについて示しておきたい．

　種は，ある範囲の地域に生息する多数の個体から成っている．種の分布域内における個体の分布密度は必ずしも均一ではなく，また集団の遺伝的組成も地域間で必ずしも均質であるとは限らない．ここで問題にするのはヒラメという種を構成する集団間の異質性である．それも大事なのは，世代を超えて存在す

---

[*1] 福井県立大学生物資源学部
[*2] 京都大学大学院農学研究科
[*3] 日本海区水産研究所

る異質性である．もし，その異質性が大きければ，明確に独立した複数の再生産の単位が存在するとみなされ，それらそれぞれが生態的および遺伝的な資源管理の対象になり得るということになる．一方，もし，その異質性が著しく小さければ，種集団全体が一つの再生産単位として資源管理の対象とみなされ得るということになる．

ここで，異質性について，「世代を超えて存在するもの」とあえて述べたのは，問題とする集団構造というのは成魚の分布の単なる不均質性というようなものではない，ということを明確にしたいがためである．たとえば，成魚の好適な生息場所が不連続に存在するのであれば，成魚の分布は必然的に不均質になるであろう．しかし，それだけではほとんど問題とはならない．なぜなら，成魚あるいは浮遊卵・浮遊幼生の移動が集団間にあり得るからである．個体の移動は，その個体が移動先で繁殖に関わるならば，集団遺伝学的にはそれは遺伝子の移動（遺伝子流動）である．集団間に遺伝子流動が十分あれば，それらの各集団がいくら不連続に分布するようにみえても，それぞれは決して独立した再生産の単位とはみなせない．

このような集団構造を推定するためには，生態的，形態的，そしてとくに遺伝的な情報が有用である．またそれらを総合的に活用することによって集団構造の全体像が明らかにできるものであろう．そこで次に，これまでにヒラメの集団構造に関連するどのような情報が得られてきているのかをみてみよう．

## §2．ヒラメの集団構造推定に関わる諸情報

### 2・1　成魚の分布パタンと移動性

着底後のヒラメはかなり定住的であると考えられるので，集団構造を考える際の基礎は，まずは各海域で底生生活をしている個体（ここではこれを便宜的に成魚と呼ぶ）の集団となる．成魚の分布パタンは，したがって集団構造を推定する上で，もっとも基礎的な情報源といえる．

ヒラメ成魚は日本周辺に広く生息しており，その分布には明瞭な不連続性は認められていない[1]．ただし，分布密度にはかなりの地域差が存在する可能性は高い．図3・1は，Tanakaら[2]によってまとめられたいくつかの海域における着底稚魚の密度調査の結果を基礎に，各海域のヒラメ集団の密度に関して図

示したものである．太平洋側からの情報がこれには十分盛り込まれていないので偏りはあるが，この図に基づく限りでは，九州北部から山陰にかけて密度がとくに高いことがうかがえる．ただし，東海・黄海における情報が含まれていないので，九州北部から山陰にかけての密度の高さが，そことほぼ連続する東海・黄海に生息する集団となんらかの関係があるのかないのかは，今のところはよく分からない．

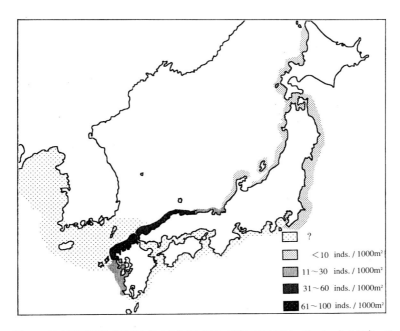

図3・1　日本周辺海域におけるヒラメの分布と密度．密度に関しては，Tanaka ら[2]によってまとめられたいくつかの海域における着底稚魚の密度調査の結果に基づく

成魚の移動性については，標識放流によって調べられる．これまで各地で行われてきた標識放流調査の結果を見渡すと，放流地点近傍で再捕される事例が多いが，長距離の移動を示した事例も少なくない．これらの事例を整理した南[1]は，牡鹿半島，房総半島，能登半島などの半島を地形的な境界とする集団の存在がうかがわれるが，その境界はそれほど明瞭なものではなく，おのおのの海

域に分布する集団が隔離されているとはいい難いことを指摘している.

## 2・2 浮遊卵稚仔の移動性

ヒラメには，その生活史の初期に 1 か月前後の浮遊期間がある．したがって，この期間にも各地域集団間に浮遊卵稚仔のかなりの移動が起こり得る．浮遊卵稚仔の場合，それらに標識を付けることが困難なため，標識放流実験を行ってその移動性を調査するということができないので，それを直接定量的に明らかにした研究はない．しかし，DNA 標識を用いたヒラメ卵の判別ができるようになって多少事情が変わってきた.

ヒラメが産出する卵は，卵径が 0.9 mm 程度で油球が 1 個の真円形の分離浮性卵で，類似の卵が多く，水界中の類似卵から本種の卵を肉眼的あるいは顕微鏡的に識別することは，事実上不可能である．しかし，個々の卵には遺伝情報としてヒラメという種に特有の DNA が保持されているのであるから，DNA分析によってヒラメ卵の有効な識別法を確立できる．筆者らは，ミトコンドリア DNA 分析を基に確立した方法 [*1] を用いて，若狭湾西部海域におけるネット採集で得られた卵の分析を行った結果，まだヒラメ卵が採集されない時期に，すでにヒラメ仔魚が採集されることを明らかにしつつある [*2]．この結果は，若狭湾西部海域には，より産卵期の早い西方の海域より卵稚仔が流入してくることを明瞭に示している．こうした調査を他の海域でも実施することにより，これまでほとんど未知であったヒラメ卵稚仔の移動分散に関して，少なくとも半定量的な評価が可能になるはずである．ともあれ，本種の浮遊性の卵稚仔は，かなりの移動分散性を有しているものとみて間違いなさそうである.

## 2・3 形態等の変異

各海域に生息する成魚集団の形態的変異に関する情報も，集団の遺伝的異質性を推測するために有用かもしれない．最近，ヒラメには背鰭と尻鰭の条数，とくに前者のそれにかなりの変異の存在することが明らかになった [2]．すなわち，両端の北海道海域と九州西部海域を除くと，日本海西部海域では背鰭条数が多く，北部海域では少ないという傾向が認められる（図 3・2）．また，京都府沿岸などでは，早期着底稚魚ではそれが有意に多くて後期群では少ないとい

---

[*1] 石黒直哉・木下　泉・西田　睦：平成 8 年度日本水産学会春季大会講演要旨集.

[*2] 石黒直哉・木下　泉・西田　睦：平成 8 年度日本水産学会秋季大会講演要旨集.

3. 集団構造　45

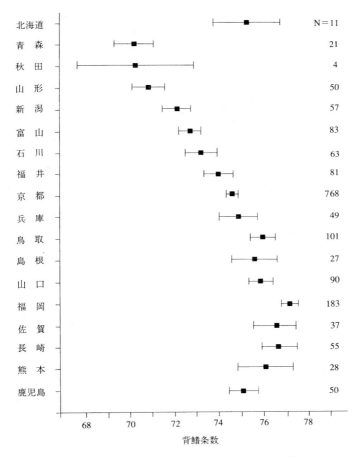

図 3・2　背鰭条数の地理的変異（Tanakaら[2]より）

うことも観察され，前者は西方海域由来であると推測されている．発生過程における環境水温によって鰭条数が変化することは水槽実験で確認されており，これまでのところ水温が高いほど平均鰭条数が多くなるらしいことが分かっている[2]．同時期の海水温は西方ほど高いが，一方，西方ほど産卵期が早いため，ヒラメの発生初期における実際の環境水温が西方ほど高いかどうかは定かでない．もし水温が高いならば，西方ほど背鰭の平均鰭条数が多いことは環境条件

による影響ということで説明可能であるが，西方における産卵期は水温の地理的差異を上回るほど早くなっているとも考えられ，そうだとすると平均鰭条数の地理的変異は環境条件によっては説明できない．こうした鰭条数の変異は，遺伝的に異質な集団が複数存在することの反映であるという可能性も示唆されている[2]．

### 2・4 タンパク質の遺伝的変異

ヒラメの集団構造に関わる遺伝学的な情報は，まずアイソザイム分析によって得られた[3,4]．藤尾ら[4]は，各地から得られた天然ヒラメ集団や人工種苗集団について14酵素23遺伝子座を分析した．その結果，各集団の平均ヘテロ接合体率は平均で3.6%，多型的遺伝子座の割合は平均7.6%と，集団の遺伝的変異性は他の魚類に比べるとむしろ低いことが示された．このことは，ヒラメの有効な集団の大きさが小さいことを反映していると考えることができそうではあるが，一方，変異遺伝子を低頻度でもつ遺伝子座が多いということも明らかになった[4]．集団の有効な大きさが小さいと低頻度の変異遺伝子は真っ先に集団から消失するはずであるが，それが維持されているということは，本種の集団サイズは近い過去を含め，それほど小さくはないことを示していると思われる．以下で述べるミトコンドリアDNAにみられる著しい変異性の高さも，本種の集団サイズは相当大きいまま推移していることを示唆している．

アイソザイム分析から推定される各地集団間の遺伝的分化程度はたいへん小さかった（Nei[5]の遺伝距離の平均0.0006）[4]．最も多型的であったIdh-1遺伝子座の遺伝子頻度をいくつかの地域の集団について図3・3に示したが，これをみても明らかなように，北海道の集団における頻度分布が多少他と異なる点以外，目立った地理的差異は認められない．藤尾ら[4]も指摘するように，集団間に遺伝子の出入りが歴史的時間の間に頻繁に起っているために，本種諸集団は全体としては均一な遺伝子組成を有しているとみなせる結果である．ただし，天然集団では，最も多型的であったIdh-1遺伝子座において同型接合体過剰の傾向がみられるが，これは遺伝子頻度が異なる小集団が存在し，それらが混獲されたことによるWahlund効果であろうとの示唆がなされている[3]．

### 2・5 DNAレベルの変異

ヒラメのDNAレベルの変異に関しては，ミニサテライトDNAのフィンガ

3. 集団構造　47

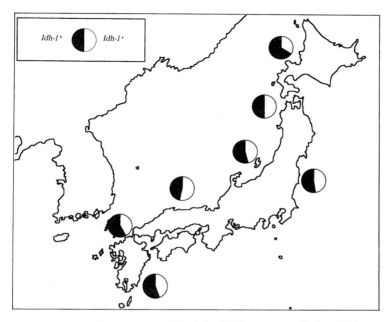

図3·3　*Idh-1* 遺伝子座における遺伝子頻度（藤尾ら[4]のデータに基づいて作図）

ープリント法や，ランダムプライマーを用いた PCR 法によるフィンガープリント（RAPD-PCR）法などが試みられているが[6]，これらによって天然集団の構造を探るにたる情報はまだ得られていない．

　ミトコンドリア DNA（mtDNA）は，核 DNA に比べて変異性が高く，また組み換えなしに母性遺伝するという単純な遺伝様式をもつため，集団構造の推定に独自の情報を提供し得ると考えられ，実際にさまざまな動物の集団構造や系統関係の分析に用いられつつある[7]．ヒラメの mtDNA については，制限酵素分析によって，ミトコンドリアゲノムサイズの変異の存在[8]や，集団内における変異性の高いこと[*1]などが報告されている．

　筆者らのグループでも最近，mtDNA のうちでも最も変異性の高いとされている制御領域（D ループ領域）を対象にして，その塩基配列分析を通じてヒラメの遺伝的変異と集団構造の解析を始めた（図 3·4）．まず新潟県沿岸の集団

---

[*1] 朝日田卓・斉藤憲治・山下　洋・小林敬典：平成 7 年度日本水産学会秋季大会講演要旨集

について，制御領域の前半部（シトクローム b 遺伝子側）の塩基配列を決定したところ，著しく高い遺伝的変異の存在することが明らかになった（Fujii and Nishida，投稿中）．さらに，佐渡島産の集団と新潟市地先の集団の遺伝的組成は非常によく似ているが，わずかながら統計的には有意な差異が存在することも見出された．さらに，広い地理的範囲から得たヒラメ集団の同様の分析から，本種におけるこの DNA 領域の著しく高い変異性と，諸集団の全体としての遺伝的均一性が再確認されるとともに，一部の集団間には若干の遺伝的分化が見出され得ることも示された[*1]．

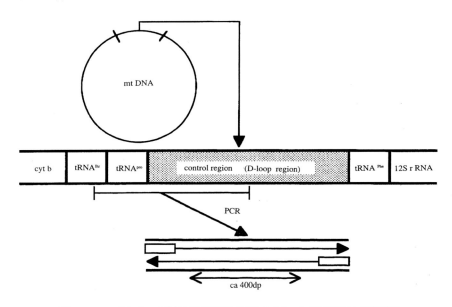

図3・4　PCR 法によって増幅し塩基配列を決定したミトコンドリア DNA 制御領域

## §3．ヒラメの集団構造モデル

以上に概観した既知の知見を基に，日本周辺海域におけるヒラメの集団構造について，取り敢えず仮説的なモデルを考えてみるならば，それはおよそ次のようなものとなる．すなわち，諸集団の遺伝的組成は全体としてはほぼ均質で，

---

[*1] 大河俊之・西田　睦・木下　泉・田中　克：平成7年度日本水産学会秋季大会講演要旨集

局地的には多少異質な集団が存在する場合があるが，そうした集団の遺伝的独自性は永続的なものではない，というものである．このモデルは，核 DNA の情報を反映するアイソザイム分析およびミトコンドリア DNA 分析のいずれにおいても諸集団の遺伝的組成はかなり均質であったという知見に基づいたものである．

以上でみてきたように，ヒラメ集団間にはおそらくかなりの移動（遺伝子流動）が幼生期と成魚期に生じていると考えられる．したがって，ここに述べたモデルは，成魚の分布パタンの連続性や幼生期と成魚期における移動性の高さとも整合性は大きいと推察される．図 3・5 に，各海域に地先集団がおり，それらが浮遊幼生と成魚の移動によってほぼ連続しているという形で，このモデルを模式的に図示した．

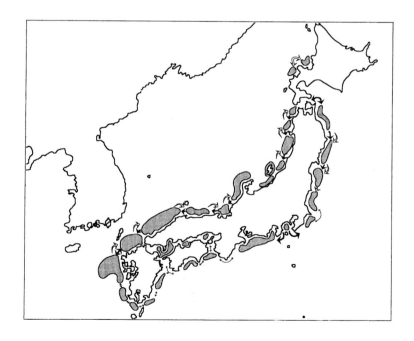

図 3・5　日本周辺の海域のヒラメの集団構造モデル．白抜き矢印は想定される浮遊卵稚仔の移動を，黒の太い矢印は標識放流実験の結果などから想定される成魚の移動を，細い矢印は浮遊卵稚仔とも成魚とも未特定の移動を示す．詳しくは本文参照

筆者らが比較的よく理解している若狭湾周辺海域では，上述のように浮遊幼生は西方から東方へと移動する傾向が強く，一方，成魚は東方から西方へと移動する傾向が認められる．後者の傾向は，標識放流実験で確認される[9]ばかりでなく，高齢魚ほど鰭条数の平均値が低くなるという現象をももたらす[*1]（おそらく鰭条数の多い個体が西方へ移動するため）．このように，成長段階によって移動に方向性があるため，地域集団間の遺伝的な交流のあり方は必ずしも単純ではないかもしれないが，こうした移動によって，近隣の集団間では毎代かなりの遺伝的な交流が保たれていることは間違いないものと考えられるのである．

　理論的には，遺伝的分化の明瞭な徴候が得られなかったとしても，集団間に全く遺伝的な分化が存在しないと結論できるわけではない．たとえば，個々の地域集団の独立性は現在たいへん高くても，分布拡大がごく最近の出来事であった場合，各集団は共通の祖先集団における遺伝的変異をともに引き継いでいて，遺伝的分化の徴候がほとんどみられないことは十分あり得る（ただしこの場合，適応的な形質の自然選択による遺伝的分化がないならば，資源管理上の問題は遺伝学的なものではなく，生態学的なもののみとなろう）．また，集団分化後かなりの時間が経っていても，集団間にわずかの遺伝子の交換があれば，一般に，中立的遺伝子の分化は妨げられるが，中立遺伝子以外の適応的形質に関わる遺伝子に，地域によって異なった非常に強い自然選択圧がかかる場合，多少の遺伝子流動があっても，選択を受ける遺伝子座に関しては，地域集団間に遺伝子組成の差異が生じる可能性がある．こうしたことがあるかどうかを確認することは必ずしも容易ではないが，ゲノム全体を広く調査すれば，集団の遺伝的構造の詳細を把握する上で有用な情報が得られるかもしれない．STR（マイクロサテライト DNA）分析など，そうした課題にアプローチするのに適切な DNA 分析手法も種々活用可能になってきているので，さらに詳細な DNA 分析はぜひ進める必要があろう．

　なお，天然諸集団の遺伝的組成がほぼ均質で明確な分節構造が存在しない場合でも，集団内の遺伝的変異性の問題には注意を払う必要がある．放流される人工種苗の遺伝的変異性は常に小さくなる傾向があり，また，遺伝的組成の偏

---

[*1] 浜中雄一・竹野功璽：平成 7 年度日本水産学会秋季大会講演要旨集.

りも出やすいからである[4,5][*1]．人工種苗放流がますます盛んになりつつある現在，この点への配慮がより重要になってきている．

---

[*1] 藤井徹生・西田　睦：平成7年度日本水産学会秋季大会講演要旨集．

## 文　献

1） 南　卓志：生活史特性，ヒラメの生物学と資源培養（南　卓志・田中　克編），恒星社厚生閣，1997，pp.9-24.

2） M. Tanaka, T. Ohkawa, T. Maeda, I. Kinoshita, T. Seikai and M. Nishida : *Bull. Natl. Res. Inst. Aquacult.* (in press).

3） 藤尾芳久・佐々木信行・佐々木　実・小金沢昭光：東北水研研報，**47**，51-57（1985）.

4） 藤尾芳久・朴 重淵・田畑和男：昭和61～63年度海洋生物集団の識別等に関する先導的評価手法の開発事業報告書，日本水産資源保護協会，1989，pp.419-435.

5） M. Nei : *Amer. Natur.*, **106**, 283-292 (1972).

6） 日本水産資源保護協会：平成7年度水産生物の遺伝的多様性の保存及び評価手法の開発事業報告書，1996，pp.65-89.

7） J. C. Avise: Molecular Markers, Natural History and Evolution, Chapman and Hall, 1994, pp.511.

8） K. Saito, M. Tanaka, R. Ueshima, T. Kamaishi, T. Kobayashi and K. Numachi : *Aquacult.*, **136**, 109-116（1995）.

9） 竹野功璽・浜中雄一：京都府海洋センター研報，**17**，66-71（1994）.

## II. 変態の生理・生態

## 4. 変態の生態的意義

田　中　　克*

　変態は，無脊椎動物では陸上動物の昆虫類でよく知られているが，水中生活を行う動物では甲殻類や棘皮動物をはじめ多くの動物群にみられ，より普遍的な現象と考えられる．一方，脊椎動物で変態が認められるのは，水中生活を行う魚類と両生類に限られている．これらの多様な動物群によってその様式は変異に富むが，基本的には変態は新たな生活様式や環境への適応と深く関わった現象であり，一般に顕著な生態的変化を伴う．

　小卵を多産する結果として間接発生（非直達発生）[1] を経る多くの海産真骨魚類では，仔魚（幼生）から稚魚（成魚の基本型）への移行が変態過程として認識されつつある [1~3]．このような移行が短期間に劇的に生じる異体類（カレイ目魚類）では，眼の移動という特異性に関心が集まり，多様な研究が行われている [4, 5]．本章では，ヒラメの変態に伴う諸変化のうち生態的変化に焦点を合わせ，その意義について考察する．

### §1. 変態の定義

　動物の変態現象は，体の構造と機能，形態変化と生態変化，生理的変化と生態的変化を捉える発生現象のモデルとして注目され，様々な動物群を対象にその多様性と共通性への理解が進められてきた．動物の変態現象を扱った書物より変態の定義を取り上げると，「変態とは後胚発生のうちで非生殖系の構造に発生上の顕著な変化が起こる明確に限界のつけられる時期」（変態：日本動物学会編）[4]，「生涯のある時点で生活圏が顕著に変化する際，体の構造と機能に新たな環境に適応できるような変化が生じる．それを変態という」（変態の生

---

・京都大学大学院農学研究科

物学：日本発生生物学会編）[5]，「変態とは，幼生期の体制と生活様式が急激に変化して，成体の体制と生活様式を生み出す過程である」（変態の細胞生物学）[8]，「多細胞動物胚期終了後の個体発生（後胚発生）において，胚が直接に成体の形態をとらず，まず成体とは別個な形態・生理及び生態をもつ幼生（昆虫類では幼虫）となる場合，幼生から成体へ（ある場合には幼生から幼生へ）の転換の過程を変態と呼ぶ」（岩波生物学辞典）[9]，などとなる．これらの定義より，幼生から成体への転換，体の構造と機能，非生殖系の構造，後胚発生，生活圏の変化，環境への適応，などをキーワードとして抽出することができる．多くの海産魚類では，仔魚から稚魚への移行過程には生息域の変化や食性の転換が生じ，そのような新たな生態への準備として体の構造と機能に一大転換が生じる現象を変態と呼ぶことができる．

## §2. 異体類の変態

わが国における稚魚研究の基礎を築いた内田恵太郎は，魚類の変態についても関心を払い，多様性に富んだ変態様式をシラス型変態，ウナギ型変態，サバ型変態ならびにカレイ型変態に類型化している[10]．これらの変態型の中でも眼の移動と体構造の左右不称相化を特徴とするカレイ型変態は最もユニークなものといえる．岩井[11]はカレイ型変態を「カレイ目魚類は浮遊生活を送る後期仔魚までは左右相称の体制になっているが，着底生活を始める前に，片側の眼が頭上を回るか，頭部を貫通して片側に両眼が並ぶようになる．これに伴って頭蓋骨もねじれ，片側の鼻の位置，顎の形，鰓弓，体側筋，鱗など，多くの部分で左右不相称が生じる．着底後は有眼側を上にして生活する」と要約している．この要約でも明らかなように，カレイ目魚類の変態は"有眼側を上にした底生生活"の成立に先行する体構造の総合的変化として把握することができる．わが国では異体類は重要な沿岸漁業資源であり，その資源生物学的研究が進められてきたが，近年，それらのかなりの魚種が栽培漁業の対象種として種苗生産が可能になるに至り，変態期における形態変化の観察ができるようになった．しかし，南の一連の初期生活史研究（Minami and Tanaka[12]参照）があるものの，変態過程における生態的知見が集積された魚種は，イシガレイ（Yamashita *et al.*[13]参照）をはじめ数種に限られている．それらの中で，ヒラ

メは栽培漁業のモデル的な魚種と位置づけられ，最も多くの知見が集積されている．

## §3．変態に伴う体構造の変化

魚類の変態期には，膜鰭の消失と鰭の分化，脊椎をはじめとする主要な骨格系の形成，初生鱗の形成などプランクトン生活からの解放に関わる体制が整備される．さらに，呼吸系，循環系，感覚系，消化系，内分泌系など多様な器官系に変化が生じる[14]．ヒラメではこれらの変化に加えて，背鰭伸長鰭条の消失，幼生型胸鰭の退縮と成魚型胸鰭の新生や右眼の移動が生じ，最終的には体構造は左右不相称（結果としての背腹分化）となり，"構造的変態"が完成する．これらの構造的変化は必然的に感覚・呼吸・消化吸収・浸透圧調節・内分泌などの生理を大きく変化させる．これらの構造と機能の総合的な転換が生じる必然性は，そのことを不可欠とする生存上の理由，すなわち，新たな生活様式への生態的転換によると考えられる．

## §4．変態に伴う生態的変化

ヒラメの変態に伴う生態的変化は生息空間の変化と食性の転換によって特徴づけられる．異体類に共通した生息空間の変化は水中浮遊から海底への着底であるが，着底が浅海域で生じるヒラメでは，それに先行して沖合から岸近くへの接岸回遊が発現する．

### 4・1　接岸回遊

沿岸性魚類の多くは個体発生初期の卵期や浮遊仔魚期には沿岸域に広く分散した生活（様式）を経過した後，個体発生のある時期に浅海域へ来遊する．このような接岸回遊が生じる体の大きさや接岸移動の規模は多様である[15, 16]が，基本的には仔魚から稚魚への移行期に対応する．ヒラメの接岸回遊は，乃一[17]が述べているように，選択的潮汐輸送によって実現されると考えられている（図4・1）[18]．このような機構が発現するのは明らかに変態盛期（南[19]のGおよびステージ）であり，仔魚自身の環境選択性の発現に基づくことは確かである．しかし，潮汐を認知して選択的に鉛直的位置や活動性を変化させるメカニズムは不明である．おそらく，変態期に生じる諸器官の構造と機能の高度化

を背景に潮汐リズムが発現するのであろう．日本産ヒラメと近縁な北米大西洋産サマーフラウンダー *Paralichthys dentatus* の変態盛期の仔魚は外海から狭い水路を通ってソルトマーシュの発達した入江へ移入するが，これらの仔魚を生きた状態で採集して室内の水槽に移しても数日間は潮汐周期に同調した活動リズムが継続する．しかし，孵化直後より飼育した仔魚ではこのような外界の潮汐周期に呼応した行動は全く観察されない*．変態期に外界の刺激をトリガーとして発現する内的リズムに接岸回遊のメカニズムを解明する鍵があると推定される．

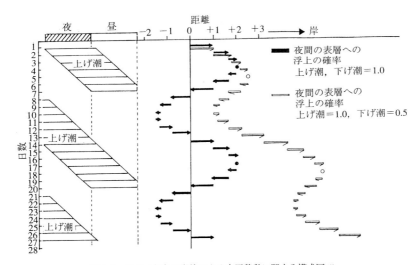

図 4・1　ヒラメ仔魚の潮汐による水平移動に関する模式図[18]
黒矢印は仔魚が夜間の上げ潮，下げ潮ともに 100 % の確率で表層に浮上した場合を，白矢印は仔魚が夜間の上げ潮時に表層に浮上する確率は 100 % であるのに対し，下げ潮時には 50 % と仮定した場合を示す．全ての仔魚は昼間は全て底層に分布し，底層の流れはゼロとの仮定に基づく

## 4・2　着　底

基本的には選択的潮汐輸送によって稚魚期の成育場となる浅海砂浜域へ来遊した仔魚は，右眼の頭部背正中線上への到達とともに海底へと着底する．この時期には脊椎骨や頭部骨格系の化骨により体比重が増大することも着底を促進

---

* J. S. Burke，未発表

させる．また，諸器官を幼生型から成魚型へ転換させ，それらの機能を切り替える必要上，遊泳や摂食などの行動を一時的に停止した状態で"着底"が生じる．着底後数日間に，幼生形質としての伸張鰭条は吸収消失し，幼生型の胸鰭は鰭条を伴った成魚型の胸鰭へと作り替えられる．体有眼側には成魚型の黒色素胞とそれらが集合した斑紋が現れ，形態上の変態を完了して底生生活への移行が完了する．

着底は，三次元的広がりから二次元的広がりへの空間分布の縮小をもたらし，また着底に先行する接岸移動は巨視的には分布の面的広がりから"線的"集合をもたらす．したがって，ヒラメの変態は小卵多産戦略がもたらす初期の分散拡大を主要な側面とする分布様式を集合化へと転換させる意義をもつといえる．

### 4・3　食性の転換

多くの底生魚類は仔魚から稚魚への移行に伴い生活空間を海底上あるいは海底直上層へ移す．例えば，ヒラメとほぼ同時期に沿岸域に出現するマダイは，体長 10 mm 前後に底生生活へと移行する．しかし，底生生活への移行に伴い食性を急激に転換させることはなく，浮遊生活期と同様に海底直上に高密度に分布する浮遊性かいあし類を主食とする[20, 21]．すなわち，生活様式を構成する 2 つの要素，生活空間と食性の転換の位相をずらすことにより底生生活への移行を漸進的に実現させる．一方，ヒラメでは浮遊生活から底生生活への切り替えを"着底休止期"を介在させることによって短期間に切り替える点を特徴とする．このような"生態的変態"は，かいあし類や尾虫類などの浮遊生物を追跡捕食する摂食様式から底生動物（アミ類）を待ち伏せて捕食する摂食様式の転換を意味する．


### §5.　変態の生態的意義

変態の生態的意義の理解には，変態によって得られる生残上の benefit（利益）は何かを変態に必要な cost（投資）との関連において解析することが必要となる．ヒラメの着底に伴う底生生活への切り替えは，前述のように摂食様式の転換，すなわち，浮遊生物追跡型から底生動物待ち伏せ型への転換をもたらす．ヒラメ稚魚は海底の砂中に待機して摂食可能範囲にきたアミ類を素早く浮上して捕獲し，再び元の位置近くに着底する．これは被食のリスクを少なくし

た摂食様式と考えられ，生残戦略は，変態を境に摂食優先から被食の低減へとその重点が移るといえる．このような生残戦略の転換は，変態に伴うより効率的な消化吸収機構の確立 [14] と底生生活への移行に伴う代謝様式の効率化によって可能となるのであろう．

異体類が眼の移動を伴った特異な変態を経ることの生態的意義，すなわち生き残り上の意義に対する答えを出すことは容易なことではない．この問は，何故にそのような変態過程を経るのかとも密接にかかわった問題であり，カレイ型変態の起源やその成立の歴史的過程の解明にもつながる．"歴史の再演" としての変態過程の解明には，個体発生の解析を系統発生学的視点で行うことに糸口を見い出せるかもしれない．

## §6. 着底期における減耗

### 6・1 着底期は critical phase か？

変態期，とりわけ着底期が異体類の生き残りにとって "critical" であるかどうかは，これまでにも論議を呼んできた [15, 22~24]．ヒラメの着底は一時的な摂食活動の停止と食性の急激な転換を伴う生態上の大転換期に当たるため，成育場の環境条件によっては生理的 critical phase が生態的 critical phase として顕在化し，生き残りに重要な影響を及ぼす可能性は十分にあり得る．しかし，そのことを定量的に示すためには，あるまとまりをもった集団レベルで着底前の変態仔魚と着底完了後の底生稚魚を定量的に採集することが必要となる．現実的にはこのようなアプローチは大変困難なために，現状では "着底減耗" の実態は明らかにされていない．

### 6・2 着底サイズと減耗

ヒラメの着底時の体長は，それまでの発育・成長過程に及ぼす様々な内的・外的要因によって影響を受け，多様に変化することが知られている（例えば，田中ら [15] 参照）．若狭湾西部海域では天然で採集されるヒラメの体長は 9 mm 台から 13 mm 台（固定標本）まで変異するが，これは体重では 3 倍以上の差に相当し，着底後の生き残りに少なからず影響を及ぼすことは容易に想像できる．異体類の着底直後や底生生活初期の稚魚が小型甲殻類，とりわけエビジャコ類に捕食され，条件によっては当歳魚の加入水準にも影響を及ぼす可能性が

示されている[25]. ヒラメ稚魚がエビジャコ類に捕食されるという証拠は天然海域ではまだ得られていないが, 成育場に最も多く分布する潜在的捕食者と位置づけ, 着底サイズとの関係を考察することは有意義と考えられる.

着底サイズの大型化に伴い, 蓄積エネルギー量や遊泳・潜砂などの行動能力は向上するため, 一般的には生残可能性は高まると考えられる. しかし, 着底サイズの大型化は相対的に低水温下で緩やかに発育・成長する場合にもたらされ, 着底に到達するまでの個体数の減少は大きいといえる. 図4・2に示すように, 変態サイズが生き残りにもつ意味を個体群レベルで評価するためには, 着底までの減耗(PM 1)と着底直後に生じる減耗(PM 2)の和を変態サイズとの関連において解析することが重要となる. この点で有力な解析手法となるのは耳石輪紋である. ヒラメの耳石微細輪紋は不鮮明な上に, 核付近の輪紋間隔が狭いため正確な輪紋の計数が困難であったが, 走査型電顕を使用することにより精度の高い孵化日推定が可能にありつつある*. ヒラメの偏平石の微細輪紋は浮遊生活期には同心円状に形成されるが, 着底時に複数の二次的形成中心が

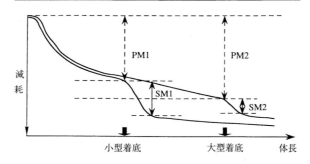

図4・2 ヒラメの着底サイズと生き残りに関する模式図
小型サイズでの着底は大きな着底減耗を引き起こすが, 着底までの減耗は少ない. 大型サイズでの着底では逆の傾向があり, 生き残りにとっての評価にはこのメリットとデメリットの総合が必要となる

---

*1 前田紀雄ら, 平成8年度日本水産学会秋季大会講演要旨集, p.6

形成され，それらを起点として異なった様式で輪紋が形成されるため着底までの輪紋数や着底時の輪径を推定することが可能である[26]．これらを手掛かりに，ある特定の成育場に来遊した着底直前・直後の個体と"着底減耗期"を経過して生き残った個体を着底シーズンの初期から終期にわたって連続的に採集し，浮遊期間や着底サイズを解析することにより，着底サイズと生き残りの関係ならびにその季節的変化を明らかにする道が開けると期待される．

## §7. 浅海域に着底することの生態的意義

すでに述べたように，ヒラメの着底は接岸回遊という生息場の水平的移動を伴う．このような浅海砂浜域への来遊の生態的意義には，摂食にとっての好適条件の確保と捕食圧の低い生息場の選択という2つの可能性が考えられる．ヒラメ稚魚の成育場は，通常陸水の影響を受ける条件下に形成される．多くの沿岸性魚類の稚魚が広い食性の幅をもつことにより環境条件の変化に応じて柔軟に食物内容を変えることができるのとは対照的に，ヒラメ稚魚は，アミ類への依存度を極度に高める狭食性を発達させている．アミ類の現存量や生産量は一般に陸水の影響を受ける海域に高いことが多く，低塩分環境の浅海域への接岸と着底は餌生物資源の豊富な環境への生息場を移す意義をもつといえる．

一方，生き残りにとってより大きな意味をもつと考えられる被食の相対的軽減としての浅海砂浜域への来遊については，十分な証拠はほとんど得られていない．浅海域への来遊と狭い範囲への着底は，多くの魚類による着底魚の捕食を招く事例さえ報告されている[27]が，この場合の被食はヒラメの密度に依存して生じる．一般的には，山下[28]が「着底期の捕食者であるエビジャコは外海に多く，内湾，干潟，河口域では密度も低くまたサイズも小型である．また，魚類捕食者についても，内湾や干潟のごく浅い砂浜域と比較するとヒラメ，イシガレイ（未成魚），コチなどの大型の魚類は外海域で多く採集された」と述べているように，総体として浅海砂浜域は潜在的捕食者が少ない環境といえる．

## §8. 変態過程の偶然性と必然性

形態や生態が劇的に変化する変態は，基本的に遺伝的に仕組まれたプログラ

ムに沿って展開される必然的過程と捉えることができる．一方，ヒラメの産卵期は日本海沿岸では海域によって1月から7月まで半年近くずれることや個体レベルにおいても産卵は2か月前後継続することが知られている[29]．この事実は，卵や仔魚が経験する水温・日長・餌生物環境などが著しく異なることを意味し，初期発育は大きく変異する可能性を示唆している．このような環境の多様性は，変態完了までに要する時間や変態サイズの変異として現れ，生残にも影響を及ぼすことになる．さらに，遺伝的に変態開始のスイッチがおりた個体においても，沿岸水の流動条件などによっては効果的に接岸回遊を行うことができず，変態の進行を抑制しつつ接岸の機会を待機せざるを得ないことも起こり得る．これとは対称的に，相対的に変態過程の早い時期に着底可能水域に輸送された仔魚は海底との接地の機会が刺激となって，変態が加速度的に進行することもあり得よう．これらの偶然的要素は，変態過程の種内での変異をもたらし，多様な生残可能性をもった個体を生み出すことになる．したがって，ヒラメの変態は遺伝的プログラムという必然性によって発育の過度の変異を抑制する過程と，環境諸条件による偶然性によって多様化を拡大する過程の統合として実現されるといえる．

　変態の意義を考察する上で最も興味深い視点は，カレイ目魚類が何故このような特異な個体発生を経るようになったかを探ることであろう．進化の歴史を再現することは不可能であり，その解明には，間接的な証拠を蓄積する以外にない．個体発生の過程を詳しく調べることは，その最も可能な道の一つと考えられ，眼の移動のメカニズムの解明は中心的な焦点の一つであろう[30]．とりわけ，最も原始的と考えられ，眼の移動が固定化していないボウズガレイの変態過程の観察はこの問題の解明への糸口を提供してくれるかもしれない．

　ヒラメは世界で最も仔稚魚飼育技術の進んだ異体類であり，仔稚魚の生理や生態に関する知見も豊富に蓄積されつつあり，変態の意義を考える上でもモデル魚種になり得る．クローン[31]を用いた変態に及ぼす遺伝的影響，親魚の諸条件が変態に及ぼす影響，浮遊期の発育・成長と変態後の発育・成長の関係など変態の意義を考える上で重要なアプローチが可能である．しかし，天然海域での変態・着底にみられる多様性を長期にわたって蓄積するとともに，推定され

る地方個体群が異なった成育場で発現させる多様な姿を把握することがとりわけ重要である．これらの展開は，資源培養などの応用的課題の基礎になるばかりでなく，海洋生物学の進歩にも大きく貢献することが期待される．

# 文　献

1）J. Y. Youson : First metamorphosis. In "Fish Physiology"（W.S.Hoar and D. J. Randall, ed.）, Vol.11B, Academic Press, New York, 1988, pp.135-196.

2）J. H. S. Blaxter : Pattern and variety in development. In "Fish Physiology"（W. S. Hoar and D. J. Randall, ed.）, Vol.11A, Academic Press, New York, 1988, pp.1-58.

3）沖山宗雄：変態の多様性とその意義．魚類の初期発育（田中　克編），恒星社厚生閣，1991，pp.36-46.

4）青海忠久：体色異常発現機構．ヒラメの生物学と資源培養（南　卓志・田中　克編）恒星社厚生閣，1997，pp.63-73.

5）山野恵祐：変態機構．ヒラメの生物学と資源培養（南　卓志・田中　克編），恒星社厚生閣，1997，pp.74-82.

6）日本動物学会（編）：変態．現代動物学の課題5，学会出版センター，1977．pp.1-231.

7）日本発生生物学会（編）：変態の生物学．岩波書店，1978，pp.1-268.

8）吉里勝利：変態の細胞生物学．東大出版会，1990，pp.1-133.

9）八杉龍一・小関治男・古谷雅樹・日高敏隆（編）：岩波生物学辞典（第4版）．岩波書店，pp.1292-1293.

10）内田恵太郎：魚類の変態．脊椎動物発生学（久米又三編），培風館，1963，pp.115-122.

11）岩井　保：水産脊椎動物学Ⅱ，魚類．恒星社厚生閣，1985，pp.1-336.

12）T. Minami and M.Tanaka : *Neth. J. Sea Res.*, 29, 35-48（1992）.

13）K. D. Malloy, Y. Yamashita, H. Yamada and T. E.Targett : *Mar. Ecol. Prog. Ser.*, in press.

14）M. Tanaka, S. Kawai, T. Seikai and J. S.

Burke : *Mar. Freshw. Behav. Physiol.*, in press.

15）田中　克・青海忠久・南　卓志：月刊海洋，27，745-752（1995）.

16）田中　克：月刊海洋，29，印刷中.

17）乃一哲久：初期生態．ヒラメの生物学と資源培養（南　卓志・田中　克編），恒星社厚生閣，1997，pp.25-40.

18）J. S. Burke, M.Tanaka and T. Seikai : *Neth. J. Sea Res.*, 34, 59-69（1995）.

19）南　卓志：日水誌，48，1581-1581（1982）.

20）M. Tanaka : *Trans. Am. Fish. Soc.*, 114, 471-477（1985）.

21）M. Tanaka, H. Ueda and M. Azeta : *Nippon Suisan Gakkaishi*, 53, 1537-1544（1987）.

22）M. Tanaka, T. Goto, M. Tomiyama, H. Sudo and M.Azuma : *Neth.J.Sea Res.*, 24, 57-67（1989）.

23）南　卓志：月刊海洋，27，761-765（1995）.

24）Y. Yamashita, H. Yamada, K. D. Malloy, T. E. Targett and Y. Tsuruta : Sand shrimp predation on settling and newly-settled stone flounder and its relationship to optimal nursery habitat selection in Sendai Bay, Japan. In "Survival strategies in early life stages of marine resources"（Y.Watanabe, Y.Yamashita and Y.Ozeki, eds.）, A. A. Balkema, Rotterdam, 1996, pp. 271-283.

25）H. W. van der Veer and M. J. N. Bergman : *Mar. Ecol. Prog. Ser.*, 35, 203-215（1987）.

26）後藤常夫：耳石輪紋によるヒラメ稚魚の着底日と成長過程の推定．京都大学農学 研究科修士論文，1989，pp.1-56.

27）T. Noichi, M. Kusano, K. Kanbara and T. Senta : *Nippon Suisan Gakkaishi*, 59,

1851-1855（1993）.

28）山下　洋：月刊海洋, **27**, 740-744（1995）.

29）平野ルミ・山本栄一：鳥取水試報告, **33**, 18-28（1992）.

30）沖山宗雄：月刊海洋, **27**, 711-718（1995）.

31）山本栄一：バイオテクノロジー. ヒラメの生物学と資源培養（南　卓志・田中　克編）, 恒星社厚生閣, 1967, pp.83-97.

# 5. 体色異常発現機構

青 海 忠 久*

## §1. 体色異常に関する研究経過の概要

　ヒラメを含めたカレイ目魚類は，特有の体色異常現象を示すことが知られているが，人工種苗では時に極めて高率で出現する．これには，本来黒褐色であるはずの有眼側の体色が一部白色となる白化（albinism）と，本来白色であるはずの無眼側の一部または全部に着色する両面有色（ambicoloration）がある．わが国では，両面有色は黒化と呼びならわされているので，以下黒化と示す．白化や黒化はどちらも部分的な現象であり，異常を起こしやすい部位とそうでない部位が存在する[1]．

　白化は，カレイ目魚類が人工的に飼育されるようになった当初から注目され，1960年代後半からヨーロッパでは Plaice, *Pleuronectes platessa* L. について，飼育条件下での過剰な飼育密度や給餌量の多寡が原因として提唱された[2,3]．その後，この現象の原因究明は進まなかったが，わが国では，1980年代に入りヒラメの白化を中心として，原因究明と有効な防除方法の確立を求めた研究が進められ，主に種苗生産時期の餌料や栄養および飼育環境の面からのアプローチに力が注がれた[4,5]．それらの中で仔魚期に給餌する餌料によってその出現率が大きく異なることが明らかになり[7~11]，白化を細胞学的に解析したり[12,13]，餌料によって白化となるかどうかが決定される仔魚の発育ステージを推定することが可能になった[11,14]．現実の種苗量産過程では，仔魚期に配合飼料を積極的に活用することや[11~15]，生物餌料に高度不飽和脂肪酸や脂溶性ビタミン類を強化することによって，白化個体の出現率を低下することができるようになり[16]，餌料成分と白化の発現機構が関連づけて推定された[15]．また，皮膚の化学成分と体色異常との対応が分析された[17,18]．この他にも多くの研究があるが，これらの詳細は福所による総説に述べられているので参照されたい[4~6]．しかし，ヒラメで有効な生物餌料の栄養強化や配合飼料の使用は，他のカレイ科魚

---

*　京都大学農学部付属水産実験所

類では白化個体の減少に必ずしも効果的でないことが多い.

　現在，多くの種苗生産機関ではヒラメ白化個体の出現率は通常 10%以下にまでなっているが，仔魚期における生残率が低下した場合には，時には 50%以上の白化個体が出現することも報告されている. 浮遊期仔魚が順調に成長・発育することが出現率を左右する要因の一つであり，産卵親魚や卵質も関与する可能性が示唆されている [19]. さらに，遺伝的要因の関与が雌性発生などの染色体操作を用いた実験により示されている [20].

　一方，黒化は白化よりも天然魚での報告例が多く，古くには無眼側への光照射による黒化の誘導実験が報告されている [21~23]. 黒化は放流後の種苗の標識として利用されている反面，黒化魚は見た目が悪いことから市場価格の低下を招いている場合も多い. 放流用の人工種苗や養殖魚は 100%が黒化魚であるといってもよく，現時点では白化よりもむしろ大きな問題となっている. 変態完了直後に発現する黒化の原因については，仔魚期の餌料や飼育密度の影響が [24]，変態完了後の成長に伴って着色が進行し顕在化するものについては，供試魚の由来や有眼側の体色 [25]，変態完了後の飼育環境の影響が検討されている [25]. また，黒化した皮膚の微細構造に関して電子顕微鏡を用いた観察が行われている [26].

## §2.　体色異常の特性と発現に関与する要因

### 2・1　色素細胞と体色異常の発現時期

　ヒラメの体表に存在する色素細胞は，色素顆粒の成分によって黒色素胞・黄色素胞・白色素胞・虹色素胞に分けられる. さらに，仔稚魚の発育段階を対応させると，仔魚期には大型の幼生型色素細胞が，稚魚期以降には小型の成魚型色素細胞が発現している [12]. 幼生型細胞は体の両側に分布し，成魚型細胞は虹色素胞を除いて有眼側に分布する（図 5・1A，B）[12].

　体色異常個体では，成魚型の色素細胞の分布に異常が起きている [12, 13]. 白化では，成魚型色素細胞の有眼側での発現が阻止されており [12, 13]，黒化ではそれらが無眼側に発現している（図 5・1C，F）. また，白化個体では変態完了後の成長に伴って有眼側の白化部位に着色が進行するが，正常な体色パターンを回復する場合と，着色しても異常な体色となる場合がある [27]. 後者の体色は，変態後に進行する無眼側黒化の状態に酷似する場合が多い（図 5・1D）.

白化は，変態を完了した時に発現し，遺伝的に黒色素胞のメラニン生合成能力を欠く真のアルビノ[28]とは異なる．したがって，白化は偽のアルビノ（psuedoalbinism）というべきであり，哺乳類で認められる白斑という現象に酷似する．

一方，黒化は無眼側の着色状態によって着色型，斑点型および有眼側と同様の斑紋なども示す真の両面有色型の3型に類別される[1]．黒化には，変態完了時に発現するものと，変態完了時には正常であるが，その後の成長に伴って異常が顕在化するものがある[24, 25]．変態完了時に発現するものが真の両面有色型であり，成長に伴って発現するものは着色型と考えられ（図5·1E，F），斑点型には真の両面有色型と着色型の一部が混在していると推察される．

## 2·2　白化魚の作出と異常発現までの経過

ヒラメでは，孵化後10日目前後から変態完了期までの仔魚期に，ブラジル産アルテミアを給餌すると，変態完了後には100％の個体が最も程度の激しい白化魚となり，同時期に天然動物プランクトンを給餌すると100％が正常魚となる[7, 8]．この方法により飼育された2群の仔稚魚（以下それぞれを白化群および正常群とする）を用いて，色素細胞の分化過程が検討された．前駆細胞である色素芽細胞は，変態が始まるまでは左右の皮膚に分布するが，変態の後半期に至ると正常群では左側皮膚のみで分化増殖し，右側皮膚では細胞死を起こした．しかし，白化群では同時期の左側皮膚でも，色素芽細胞が細胞死を起こしていることが観察された[12, 13]．一方，皮膚のメラニンは，黒色素胞内でチロシナーゼを鍵酵素として生合成される[29]ので，チロシナーゼ活性が皮膚の色素細胞（色素芽細胞も含む）の量や生理活性の強弱を示す．両群の仔稚魚の両側皮膚のチロシナーゼ活性の変化を変態の進行に沿って測定すると，両群の両側皮膚における色素芽細胞の形態的変化に対応して活性が変化した（図5·2）[12]．これらのことから，白化群の仔魚の有眼側皮膚では，形態的にも機能的にも正常群の仔魚の無眼側皮膚と同様の過程が起きていたといえる．

## 2·3　黒化魚の出現に関与する要因

変態完了期の黒化の出現率と程度の減少には，1）仔魚期に配合飼料を使用せず生物餌料を給餌すること，2）仔魚期に飼育密度を下げて飼育することが，効率的であるとされている[4]．変態完了後の黒化については，1）天然魚も水槽底

66

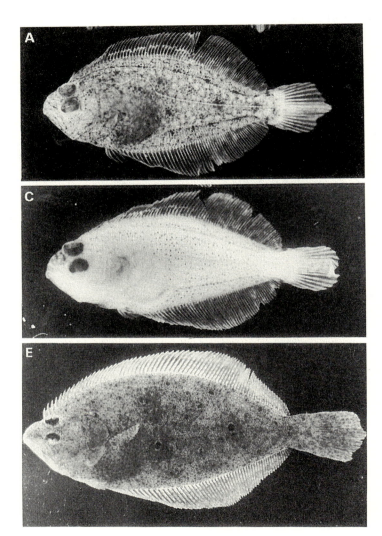

図5・1 ヒラメ
A；変態完了後1週間程度のヒラメ体色正常個体の有眼側（体長17.5mm）．B；同無後1週間程度の白化個体有眼側（体長17.4 mm）．これは最も程度の激しいもので，体表には，無眼側と同様に幼生型黒色素胞が散在する．D；変態完了直後は，Cと同42.0 mm）．これは着色が進行しても異常な体色となるタイプである．白化部位には魚（体長96.5mm）．F；同無眼側．変態完了直後はBのような正常な体色をしていた側（E）と異なり，Dのパターンと酷似することに注目

5. 体色異常発現機構 67

稚幼魚の体色
眼側，体表には仔魚期より持ち越された幼生型黒色素胞が散在する．C；変態完了このほかにも白化部位の広がりには，様々に程度の異なるものがある．白化部位の様の白化の様相を示していたが，成長とともに尾柄部から着色が始まった（体長まだ幼生型黒色素胞が残存する．E；有眼側は正常な体色パターンを示すヒラメ幼が，成長に伴ってこのように無眼側が黒化した．体表の斑紋パターンが正常な有眼

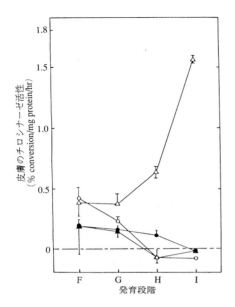

図5・2 ヒラメ仔稚魚の変態に伴う正常群と白化群での有眼側と無眼側のチロシナーゼ活性の変化
△, ▲, ○および●は，それぞれ正常群の有眼側，同無眼側，白化群の有眼側および同無眼側のチロシナーゼ活性の平均値（N=5）を示し，縦の棒は標準偏差を表す

面に砂がなく無眼側に光が照射される飼育条件下では黒化し，2）同じ条件でも人工魚は天然魚よりははるかに黒化しやすい，3）人工魚では白化魚が体色正常魚より黒化しやすい，また，4）砂を敷いた底面で飼育すると黒化が極めて効果的に抑制されることなどから，無眼側へ照射した光が黒化の主な原因であろうと推定された[25]．しかし，最近無眼側への光照射よりも，ヒラメが潜砂できることが黒化を抑制することが報告され[*1]，その後の追試験でも再確認された（青海，未発表）．

## §3. 体色異常の発現機構
### 3・1 形態の左右不相称性と体色

ヒラメでは，仔魚期に給餌する生物餌料や配合飼料中のビタミンAとDHAの量が白化個体の出現率を変動させる[15, 16]．一方，DHAは網膜や脳の主要な構成成分であり[30~32]，ビタミンAは視物質の前駆物質である[33]．しかも，同一の水槽で飼育した稚魚でも，白化個体は体色正常個体より，目や脳におけるリン脂質やDHAの含量が有意に低い[34]．この事実は，ビタミンAとDHAの欠乏が視覚や神経系の発育不全を起こし，これが脳下垂体中葉からのMSH（Melanocyte Stimurating Hormone）の分泌不足を導いて白化を起こすという仮説[15]を支持する．しかし，この仮説だけでは，もし視覚系が正常に機能しMSHが分泌された場合には何故に有眼側にだけ体色が発現し，逆に視覚・神経系の異常が体色異常に伴

---

[*1] 岩田仲弘・菊池弘太郎・坂口 勇：ヒラメの無眼側黒化要因．平成7年度日本水産学会春季大会講要集，p52（1995）．

う下記の様々な形質での形態異常を発現させるかを合理的に説明することはできない．

体色異常の仕組みを探る上での重要な手掛かりとなる事実として，1）白化や黒化はカレイ目魚類に特有の現象で，天然魚でも発現することがあり[1]，2）白化群における有眼側皮膚の色素芽細胞の形態や機能の変化は，無眼側のそれと同様の経過をたどる[13]，3）正常群・白化群の仔魚では色素芽細胞の形態や機能の変化に先立って粘液細胞の形態変化が現れる（図5・3）[13]，4）変態と密接に関連した減少であり，仔魚期の餌料が白化となるかどうかを決定する発育ステージは変態の始まる直前である[14]，5）体色異常によって鱗・顎骨や皮膚の付属器官などの形態の左右不相称性が乱される[35, 36]，ことなどがあげられる．これらのことは，体色の異常が単に色素細胞の異常にとどまらず，皮膚やさらにその周辺組織まで含めた異常であることを示唆している．

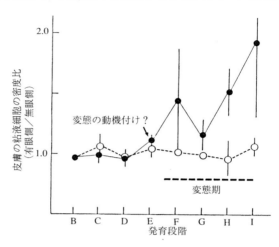

図5・3　ヒラメ仔稚魚の発育に伴う正常群と白化群の有眼側と無眼側の粘液細胞密度比の変化
●および○は，正常群と白化群の粘液細胞比の平均値（N＝5）を示し，縦棒は標準偏差を示す．正常群と白化群の相違が，E-stageあたりから現れ始め，図5・2で示したチロシナーゼ活性の両群での相違に先立って現れていることに注目されたい

### 3・2　体色異常発現機構の作業仮説

胚発生期に形成される神経冠細胞は，周辺組織や自身の作る細胞間物質との接触をシグナルとして分化方向を定めながら予定分化域へ移動し，定着後に一部が色素細胞に分化する．さらに，移動定着した後に異種あるいは同種の細胞との相互作用によって，色斑パターンが形成されると考えられている[37]．そこで，先に述べた体色異常に伴う形態異常の関係を考慮して，以下のような体色異常の発現機構を考えた（図5・4）．

正常個体では，変態過程を通じて表皮粘液細胞の密度変化が示すように，皮膚構成要素のいくつかで左右不相称化が進行する．有眼側の特性を有するよう

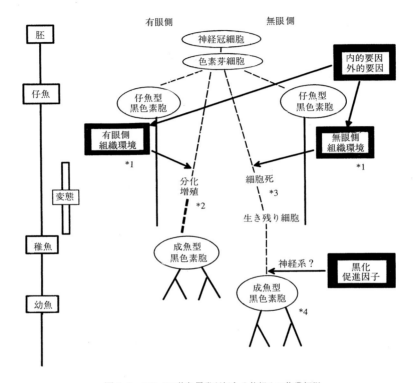

図5・4　ヒラメの体色異常が起きる仕組みの作業仮説
ヒラメ仔稚魚の発育と関連した，色素細胞の分化・増殖過程を示し，体色異常の発現機構を推定した．神経冠細胞に起源を有する色素細胞は，分化前を破線で，分化後を実線で示した．変態過程において有眼側と無眼側で異なった組織環境が形成される[*1]ことが，有眼側での色素芽細胞の増殖分化[*2]と，無眼側での色素芽細胞の細胞死[*3]を招くと考えられる．もし，有眼側で無眼側の過程が起きれば白化となり，逆に無眼側で有眼側の過程が起きれば真の両面有色型の黒化となるのであろう．また，無眼側において，変態過程を通じて生き残った色素芽細胞は，稚魚期以降の成育環境によって分化増殖が促進されれば成魚型黒色素胞に分化して，着色型の黒化が起きるのであろう．人工生産魚は，変態過程における無眼側での色素芽細胞の細胞死の過程が完全ではないため，より多くの色素芽細胞が生き残り，天然魚より容易に黒化が起きると推察される

になった左側の皮膚では，主に周辺組織が形成する細胞の微細環境の影響によって色素芽細胞の増殖分化が進行し，変態完了時の色素細胞の急激な発現が導

かれる．一方，無眼側の特性を有するようになった右側の皮膚では，逆に色素芽細胞の分化が阻害され細胞死が起きる．白化個体では，変態完了時に左側皮膚の一部も有眼側の特性をもつ状態にならなかったため，色素細胞の分化が阻害されて白化部位となる．しかも，問題となる仔魚期の餌料成分は直接色素細胞の増殖分化に関与するのではなく，皮膚組織の左右不相称化の制御に関与するのであろうと考えられる [13]．ここでは，DHA やビタミン A の具体的な機序は説明できていないが，他のカレイ科魚類で，DHA やビタミン A の仔魚餌料への強化がそれほど効果的でない場合が多いことを考えると，DHA は仔魚の正常な発育や活力の向上を，ビタミン A は皮膚の正常分化を補助促進する [33]のではないかとも考えられる．白化の場合とは逆に，変態過程において右側の皮膚（将来の無眼側皮膚）で有眼側の皮膚環境が形成されれば，真の両面有色型の黒化が起きる．黒化に関するもう一つの経路は，変態完了時には無眼側が着色していなくても，変態完了後に進行する黒化である．変態過程において無眼側皮膚で生き残った未分化色素芽細胞が，稚魚の生息環境（潜砂の有無など）に対応して，色素細胞に分化・増殖するため黒化すると考えられる．天然魚では，人工魚に比べて仔魚期の変態過程での変態阻害要因が少ないために変態完了時の生き残り未分化細胞が少なく，さらに着底後黒化を阻害する細胞環境が保たれる（常に潜砂することができる）ことにより，変態完了後の黒化も極めて少ないのではないだろうか？　養成したヒラメの無眼側黒化部位では，色素細胞の自己崩壊機能やメラノファージ機能の不全を示唆する透過型電子顕微鏡像が得られていることは [27]，この考え方を支持していると思われる．

### §4. 今後の課題

このように考えると，ヒラメ仔魚が変態を通じて本来の体色発現を遂行するには，皮膚の微細環境の左右不相称化を制御する何者かの存在が想定される．それは，何らかの物質ならびにその物質に対する受容体の左右不相称分布ではないかと考えられる．もし，この想定が正しいとすると，その物質や受容体の左右不相称分布は何によって規定されているのかが次の問題として起こってくる．ヒラメの変態が甲状腺ホルモンによって制御されていることが明らかにされてから [38]，体内の組織も甲状腺ホルモンによって仔魚型から成魚型へ転換す

ることが報告された [39~42]．色素細胞も仔魚型から成魚型への移行が起きるが，同時に有眼側と無眼側で発現状態が異なる．今後，体色を含めた様々な形質での左右不相称性の確立とホルモンの作用の関係を明らかにする必要があるだろう．

アフリカツメガエル *Xenopus laevis* の背と腹の体色のパターン形成には，腹側皮膚にメラニン化阻害因子（Melanization Inhibiting Factor）の存在が報告されており [43]，ヒラメにも似たような物質の存在が確認され，黒化魚ではその分布パターンに異常を起こしているとされている [*2]．また，当然逆の促進因子の存在も考えられる．色素芽細胞の分化における周辺組織との相互作用のなかでも，神経との接触は重要なものの 1 つと考えられており [37]，一方で種苗生産されたマコガレイ *Limanda yokohamae* では，有眼側の白化部位の体表への神経支配形態が，無眼側のそれと酷似しているとされている [44]．これらのことから，色素細胞や色素芽細胞に連絡する組織（例えば末梢神経の末端）などの分布と色素細胞の増殖分化の制御については，体色異常の発現機構を明らかにする上で重要な課題の 1 つであろう．また栽培漁業の現実問題としては，黒化が放流魚の標識として利用されていることから，必要な部位に必要な程度の黒化を起こす技術が開発されれば，極めて有効な標識として利用できるであろう．

## 文　献

1 ) J. R. Norman : A systematic monograph of flatfish (Heterosomata). i. Psettoidae, Bothidae, Pleuronectidae. Brit. Mus. Nat. Hist., 1934, pp.22-29.

2 ) J. E. Shelbourne : Population effects on the survival, growth and pigment of tank-reared plaice larvae. in " Sea Fisheries Reseach ( ed. by HadenJones,F.R.H.), Eleck Science, 1974, pp.357-377.

3 ) J. D. Riley : J. Cons. perm. int. Explore, Mer., 30 (2), 204-221 (1966).

4 ) 福所邦彦：水産の研究，9，42-46（1990）．

5 ) 福所邦彦：水産の研究，9，62-69（1990）．

6 ) 福所邦彦：水産の研究，10，56-57（1991）．

7 ) T. Seikai : *Nippon Suisan Gakkaishi*, 51, 521-527（1985）．

8 ) T. Seikai : *Nippon Suisan Gakkaishi*, 51, 1261-1267（1985）．

9 ) T. Seikai, T. Watanabe, and M. Shimozaki : *Nippon Suisan Gakkaishi*, 53, 195-200 (1987).

10) 福所邦彦・難波秀博・山本剛史・山崎芳恵・

---

*2 豊原治彦・徳田有希・浅野史郎・木下政人・坂口守彦：魚類の色素細胞分化調節因子（Ⅱ）両面有色ヒラメ皮膚組織における黒色素胞分化調節因子の異常性．平成 5 年度日本水産学会春季大会講演要旨集，p146（1993）．

李　明哲・青海忠久・渡辺　武：養殖研報, 12, 1-7（1987）.

11）北島　力・林田豪介・下崎真澄・渡辺武：長崎水試研報, 11, 29-35（1985）.

12）T. Seikai, J. Matsumoto, M. Shimozaki, A. Oikawa, and T. Akiyama : *Pigment Cell Research*, 1, 143-151（1987）.

13）T. Seikai : *Japan. J. Ichthyol.*, 39, 85-92（1992）.

14）T. Seikai, M. Shimozaki, and T. Watanabe : *Nippon Suisan Gakkaishi*, 53, 1107-1114（1987）.

15）A. Kanazawa : *J. World Aquacult. Soc.*, 24, 162-166（1993）.

16）三木教立・谷口朝宏・浜川秀夫・山田幸男・桜井則広：水産増殖, 38, 147-55（1990）.

17）中村弘二・飯田　遥：日水誌, 52, 1275-1279（1986）.

18）T. Nakano, K. Ono, and M. Takeuchi : *Nippon Suisan Gakkoishi*, 58, 2207（1992）.

19）高橋庸一：日本栽培漁業協会特別研究報告, 3, 1-58（1992）.

20）田畑和男：兵庫水試研報, 28, 1-134（1991）.

21）J, T, M, A. Cunninghan : *J. Mar. Biol. Ass. U. K.*,（2）IV, 53-59（1895）.

22）C. M. Osborn : *Proc. Nat. Acad. Sci.*, 26, 155-161（1940）.

23）C. M. Osborn : *Bull. Mar. biol. Lab.*, *Woods Hole*, 81, 341-351（1941）.

24）高橋庸一：日水誌, 60, 593-598（1994）.

25）青海忠久：水産増殖, 39, 173-180（1991）.

26）鈴木伸洋：南西水研研報, 27, 113-128（1994）.

27）生田哲郎：京都府立海洋センター報告, 5, 39-45（1987）.

28）竹内拓司：マウス毛色遺伝子の働きと細胞間相互作用. 色素細胞－この特異な集団（及川　淳, 井出宏之編）, 講談社, 1982, pp.99-124.

29）及川　淳：色素細胞の色素－その化学と生化学. 色素細胞－この特異な集団（及川　淳, 井出宏之編）, 講談社, pp.4-29（1982）.

30）R. E. Anderson, R. M. Benolken, P. A. Dudley, D. J. Landis, and T. G. Wheeler : *Exp. Eye Rer.*, 18, 205-213（1974）.

31）G. Mourente, D. R. Tocher, and J. R. Sargent : *Lipids*, 26, 871-877（1991）.

32）M. Neuringer and W. E. Connor : *Nutrition Reviews*, 44, 285-294（1986）.

33）伊藤譽志男：1・8 レチノイン酸の生理活性, ビタミン学［I］脂溶性ビタミン日本ビタミン学会編, 東京化学同人, p.p.87-91（1980）.

34）A. Estivez and A. Kanazawa : *Fisheries Science*, 62, 88-93（1996）.

35）青海忠久：魚類学雑誌, 27, 249-255（1980）.

36）有瀧真人・長倉義智：栽培技研, 19, 99-107（1991）.

37）井出宏之：色素細胞の正常発生. 色素細胞－この特異な集団（及川　淳, 井出宏之編）, 講談社, pp.59-98（1982）.

38）Y. Inui and S. Miwa : *Gen. Comp. Endocrinol.*, 60, 450-454（1985）.

39）S. Miwa and Y. Inui : *J. Exp. Zool.*, 259, 222-228（1991）.

40）S. Miwa, K. Yamano and Y.I nui : *J. Exp. Zool.*, 261, 424-430（1992）.

41）K. Yamano, S. Miwa, T. Ohinata and Y. Inui : *Gen Comp. Endcrinol.*, 81, 464-472（1991）

42）K. Yamano, H. Takano-Omuro, T. Ohinata and Y.Inui : *Gen.Comp.Endcrinol.*, 93, 321-326（1994）.

43）T. Fukuzawa and H. Ide : *Dev. Biol.*, 129, 25-36（1988）.

44）花田勝美・福士　堯：青森県立中央病院医誌, 18, 6-11（1973）.

# 6. 変 態 機 構

山 野 恵 祐[*]

　ヒラメなどのカレイ目魚類は，親の姿からは及びもつかない形をした浮遊仔魚から，変態と称される劇的な形態変化を経て，扁平ないわゆるカレイ・ヒラメ型の体形をした稚魚となる．変態に関する初期の研究は，その特異な形態変化ゆえに，変態時の外部形態や骨格の発達に主に焦点があてられ，その後，資源の再生産の観点を主体とした生態的な研究が多かったようである．近年では，体色異常などの問題は残るものの，ヒラメの種苗生産技術もほぼ確立したため，比較的容易にヒラメを実験魚として使用し，実験室内で個体レベルの生理学的・分子生物学的な解析をすることが可能となってきた．本章では，ヒラメの変態時に起こる様々な器官や組織での発達の様子と変態過程を制御する内分泌機構について概説する．

## §1. 組織・器官の発達

　変態前の仔魚の体側筋を構築する筋線維は細く，それに含まれる筋原線維の数も少ない．また，成魚では筋線維の周辺部に薄く張り付くようにある筋形質が，仔魚の筋線維ではよく発達しており，盛んに筋タンパク質を合成していることをうかがわせる．変態期間中に筋組織は著しい成長を遂げ，筋原線維の充満した太い筋線維となり，基本的には成魚と同様の筋組織構造となる[1]．この時，筋原線維を構成している様々なタンパク質の組成も大きく変化する（図6・1)[1,2]．例えばミオシンでは，変態前の仔魚の体側筋は3種類のミオシン軽鎖を有するが，変態期に新たな1成分が出現し，変態前の仔魚でみられた3成分のうちの1つと置き換わる[2]．このような筋原線維タンパク質の変化は，変態期に着底するとともに遊泳力は著しく増大することからも，筋組織としての機能に大きな影響を及ぼしていると推測されるが，個々のタンパク質の変化と筋組織の機能の関連は分かっていない．

---

　*　水産庁養殖研究所

6. 変態機構　75

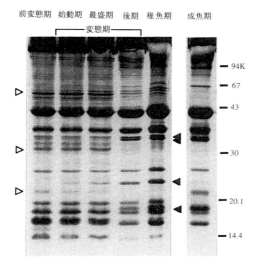

図6・1　ヒラメの発育に伴う筋原線維タンパク質の組成の変化
SDS-PAGE電気泳動法で筋原線維タンパク質を分析した．白三角は変態に伴い減少する成分の位置を，黒三角は増加する成分の位置を示す．右の数字は分子量

　変態前の仔魚では，胃は分化しておらず，消化管の将来胃になる部分は平滑筋層，結合組織層，上皮層の3層からなる薄い壁にすぎない（図6・2a）．変態が始まると，胃となる部分の上皮が褶曲し襞状の構造を形成しはじめ，さらに上皮下に胃腺が作られる（図6・2b）．その後，胃腺細胞は急激に増殖し（図6・2c），消化酵素の前駆体のペプシノーゲンが生産されはじめる[3]．この頃から実際に胃が機能化していることがうかがえる．

　変態前の仔魚は，成魚でみられるような楕円形をした赤血球をもたず，円形の核を有する大型・円形の仔魚期特有の赤血球をもっている[4]．変態最盛期[*1]には，仔魚型赤血球に混じり，それとは形態的に全く異なる幼若な成体型赤血球が多数観察されるようになる．最終的に変態が完了する頃には，仔魚型赤血球は消失し，成熟した成体型の赤血球に完全に置き換わる．このように，変態前後では全く形態的に異なる2群の赤血球が観察されるが，これら2群の赤血球の間の形態的な差異は不連続であり，それぞれが異なる成熟過程を経て出現

[*1] 南（1982）の発育ステージGおよびHに相当（編者註）

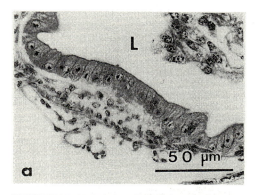
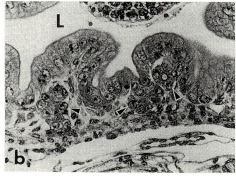
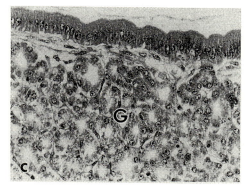

図6·2 ヒラメの変態期に起こる胃の発達過程
(a) 前変態期, (b) 変態始動期, 胃腺（矢印）が形成され始める. (c) 変態後期, 腺構造が著しく発達する.
L；胃の内腔, G；胃腺, （Miwa et al., 1992より）

する.

　眼の視細胞は変態前には単錐体のみからなるが, 変態期に桿体, 双錐体の順に現れる[5]. 一般に, 桿体は主に光を, 錐体は色を感知するのに働くとされているが, 実際にヒラメの光に対する感受性も変態期に大きく向上しており[6], 暗所での生活に適応できるようになるものと考えられる.

　このようにヒラメの変態期には外部形態の変化と同時に, 様々な組織や器官でも著しい発達を遂げ, 成魚型の体制, 機能を獲得するものと推測される. これまで免疫器官の発達に関する報告は少ないが, 変態期を境として疾病に対する感受性が変わることが報告されており[7], 生体防御に関わる器官や機能の研究は今後の重要な課題であろう.

## §2. 変態誘起ホルモン

　組織学的な観察から, カレイ目魚類の変態期に甲状腺が活性化していることが, かなり古くから報告されていたが, 1980年代後半の一連の研究によって

甲状腺ホルモンが変態誘起ホルモンであることが実験的に証明された[8～11]．甲状腺ホルモンを飼育水中に添加すると，投与した甲状腺ホルモン（サイロキシン，$T_4$）の濃度に応じて，眼の移動や浮遊生活から底生生活への移行といった変態時に起こる変化が促進され，早期に変態を完了し（図6・3a，b），一方，甲状腺でのホルモンの生合成を阻害する薬剤としてチオウレアを添加すると，逆に変態の進行が阻害され，浮遊仔魚のまま生育を続けた（図6・3c）[8]．また，2種類ある甲状腺ホルモン，$T_4$とトリヨードサイロニン（$T_3$）では，$T_3$の方が数倍から10倍強い変態誘起活性を有した[9]．さらに，変態期には実際に体内甲状腺ホルモン濃度，特に$T_4$が上昇していることが判明した（図6・4）[10,11]．

甲状腺刺激ホルモン（TSH）を変態始動期[*1]の仔魚に投与すると，投与量に応じて甲状腺ホルモンの分泌が起こるとともに変態が誘導された[12]．また，体内甲状腺ホルモン濃度が上昇する時期に，脳下垂体中のTSH産生細胞で分泌顆粒が脱顆粒している像が認められた[13]．この

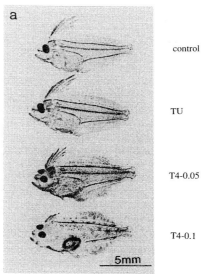

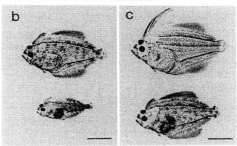

図6・3 サイロキシン（$T_4$）とチオウレア（TU）のヒラメの変態に及ぼす作用
(a) 通常の海水，30 ppmのチオウレア，0.05，0.1 ppmの$T_4$を含む海水中で6日間飼育したヒラメ．(b) 自然に変態した稚魚（上）と$T_4$で早期に変態した稚魚（下）．(c) TU処理（27日間）により浮遊仔魚のまま成長するヒラメ（上）と自然に変態した稚魚（下）．（Inui and Miwa, 1985より）

--------

[*1] 南（1982）の発育ステージEおよびFに相当（編者註）

ように，ヒラメでは脳下垂体−甲状腺系のホルモン情報に基づき変態が進行する．しかし TSH の分泌を制御するホルモンもしくは因子については現在までのところ分かっていない．

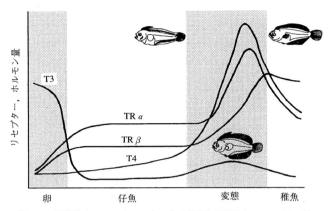

図 6・4　甲状腺ホルモン（$T_4$, $T_3$）の体内濃度と甲状腺ホルモンリセプター（TR）の mRNA 発現量の変動の概要

## §3．甲状腺ホルモンの作用を修飾する因子

両生類の変態では，他のホルモンが甲状腺ホルモンの作用に修飾的に影響を及ぼし，甲状腺ホルモンの作用を増強したり減弱することが知られている．ヒラメの変態についても，TSH-甲状腺ホルモン系以外のホルモンの役割を検討した．表 6・1 に，各種ホルモンの作用を伸長鰭条の培養系を用いたバイオアッセイで調べた結果と，変態期におけるそれらのホルモンの動態をまとめた．コーチゾルは，単独では何の効果もないが，甲状腺ホルモンと同時に添加すると，甲状腺ホルモンのもつ鰭条短縮作用を増強した[14]．また体内コーチゾル濃度は，甲状腺ホルモンと平行して変態期に上昇した[15]．これらのことから，コーチゾルは変態の進行を促進する役割を担っていると考えられる．

プロラクチンと 2 種類の性ホルモン，エストラジオールとテストステロンはいずれも単独では何の作用もなかったが，甲状腺ホルモンとともに添加したとき，甲状腺ホルモンによる鰭条短縮効果を抑制した．しかしながら，性ホルモンの体内濃度はいずれも変態期は低いレベルのまま明確な変化を示さず，また

プロラクチンについては，その mRNA 発現量は変態期に徐々に増加した[16, 17]．したがって，実際にヒラメの変態においてこれらのホルモンが抑制的に働いているかは疑わしい．プロラクチンはむしろ接岸に伴う淡水適応のために働いているのかもしれない．

表6・1　種々のホルモンの in vitro での伸張鰭条の短縮に及ぼす作用と変態期の動態

| ホルモン | 単独での作用 | 甲状腺ホルモンの作用への影響 | 変態期の動態 |
|---|---|---|---|
| コーチゾル | なし | 増強 | 上昇 |
| テストステロン | なし | 阻害 | 低レベル |
| エストラジオール | なし | 阻害 | 低レベル |
| プロラクチン | なし | 阻害 | 徐々に増加 |
| 成長ホルモン | なし | なし | 徐々に増加 |

変態の進行に及ぼす別の因子として温度がある．異なる水温で飼育された仔魚を比較したとき，高水温で飼育された仔魚の方が早く成長し，それに加えてより小さいサイズで変態を完了した[18]．また高水温で飼育されたヒラメでは，より早期に甲状腺ホルモンの上昇が観察された[19]．ヒラメは一産卵期に複数回産卵する多回産卵魚だが，このような特性が天然での早期産卵群と後期産卵群で，仔稚魚の生き残りに対してどのような影響を与えるか興味深い．

## §4. 甲状腺ホルモンリセプター（TR）

甲状腺ホルモンは標的細胞の核内にある TR に結合し，ホルモンとリセプターの複合体が遺伝子の調節領域にある特定の DNA 配列にさらに結合することで，遺伝子発現を調節していることが知られている．したがって，TR の発現している時期，部位から，甲状腺ホルモンの作用する時期，部位を推定できる．

遺伝子工学的手法を用いてヒラメの TR をコードする cDNA を単離・同定した結果，変態期のヒラメでは少なくとも 4 種類の TR が発現していることが判明した（表 6・2）[20, 21]．それらのアミノ酸配列をこれまでに同定されている他の脊椎動物の TR と比較すると，4 種類のうち 2 つは，α 型の TR と相同性が高く，残りの 2 つは β 型の TR と高い相同性を示した．とりわけ機能的に重要とされるホルモンとの結合や DNA との結合に関与する領域は高い相同性を示

した. さらに 2 種類の α 型 TR はゲノム上で独立した別々の遺伝子にコードされているが, 2 種類の β 型 TR は 1 つの遺伝子から作られるアイソフォームであることが分かった.

表 6・2　ヒラメの甲状腺ホルモンリセプター

| 甲状腺ホルモンリセプター | コードする遺伝子 | アミノ酸残基数 | 推定分子量 |
|---|---|---|---|
| TR α A | TR α A 遺伝子 | 416 | 47.7K |
| TR α B | TR α B 遺伝子 | 391 | 45.1K |
| TR β 1 | TR β 遺伝子 | 395 | 45.1K |
| TR β 2 | TR β 遺伝子 | 415 | 47.4K |

　卵から変態を完了した稚魚までの発育に伴う TR の mRNA の全身での総発現量を経時的に測定した (図 6・4). いずれの TR mRNA も卵中にはほとんど存在せず, 孵化直後もしくは数日後に相当量の発現が認められた. 変態の前半まではほぼその発現量を維持し, その後明確に上昇した. α 型 TR の発現量のピークは変態最盛期に観察され, 変態の終了とともに低下した. この発現パターンは体内甲状腺ホルモン濃度の動態と一致したものだった. 一方, β 型 TR の発現量のピークはそれよりやや遅れてみられ, 変態終了後も比較的高い発現量を示した. これらの結果は, 変態期におけるリセプターを介した甲状腺ホルモンの作用の重要性が再認識されるとともに, TR サブタイプ毎に異なる発現調節を受けていることを示唆する.

　さらに TR mRNA の変態期の発現部位を in situ hybridization 法を用いて組織切片上で調べた. α 型, β 型の TR ともほぼ全身にわたる多くの組織, 器官で陽性シグナルが認められた. それと同時に, 両型の TR には組織分布パターンに明瞭な違いが認められ, α 型 TR は体側筋に多く分布し, 一方, β 型 TR は軟骨細胞, 骨芽細胞, 皮下, 結合組織などに多く分布した. これらのことは, 第一には甲状腺ホルモンが変態時に種々の組織に同時並行的に作用していることを意味し, 第二には甲状腺ホルモンは異なるタイプの TR を通じて異なる作用をしている可能性を示唆する.

　人工種苗生産されたヒラメでは, しばしば体色や骨格の異常をもった個体が出現し大きな問題となっているが, TR とりわけ β 型の TR の強い発現がみられた組織がこれらの異常の起こる部位と一致していることは大変興味深い. お

そらく変態期の組織発達の過程で，甲状腺ホルモンの正常な作用が何らかの原因で乱された結果，これらの形態異常が起こるのではないかと推測される．

　変態という魅惑的な姿の変化に伴い，我々の眼には直接にはみえない様々な組織でもその姿と同様の劇的な変化があることが明らかになった．またこのヒラメの変態が甲状腺ホルモンの作用で起こることも解き明かされた．ところで，ヒラメに続き他の魚種でも，仔魚期から稚魚期への移行期に，甲状腺ホルモンの分泌が起こることが報告された[22~25]．またヒラメに限らずあらゆる魚種で，仔魚は成魚とは似ても似つかぬ姿をしているもので，どのような魚種でも仔魚から稚魚への転換期には，様々な組織や器官で著しい発達が起こっていることは十分に想像される．したがって，甲状腺ホルモンは魚類一般に，仔魚から稚魚への体制変化を誘導する役割をもつホルモンと考えてもよいのではないだろうか．

## 文　献

1 ) K. Yamano, S. Miwa, T. Obinata, and Y. Inui : Gen. Comp. Endocrinol., 81, 464-472 (1991).

2 ) K. Yamano, H. Takano-Ohmuro, T. Obinata, and Y. Inui : ibid., 93, 321-326 (1994).

3 ) S. Miwa, K. Yamano, and Y. Inui : J. Exp. Zool., 261, 424-430 (1992).

4 ) S. Miwa, and Y. Inui : ibid., 259, 222-228 (1991).

5 ) G. Kawamura and K. Ishida : Nippon Suisan Gakkaishi, 51, 155-165 (1985).

6 ) S. Kitamura : ibid., 56, 1007 (1990).

7 ) 室賀清邦：魚病研究，30, 71-85 (1995).

8 ) Y. Inui, and S. Miwa : Gen. Comp. Endocrinol., 60, 450-454 (1985).

9 ) S. Miwa, and Y. Inui : ibid., 67, 356-363 (1987).

10) S. Miwa, M. Tagawa, Y. Inui, and T. Hirano : ibid. 70, 158-163. (1988).

11) M. Tagawa, S. Miwa, Y. Inui, E. G. de Jesus, and T. Hirano : Zool. Sci., 7, 93-96 (1990).

12) Y. Inui, M. Tagawa, S. Miwa, and T. Hirano : Gen. Comp. Endocrinol., 74, 406-410 (1989).

13) S. Miwa, and Y. Inui : Cell Tissue Res., 249, 117-123 (1987).

14) E. G. de Jesus, Y. Inui, and T. Hirano : Gen. Comp. Endocrinol., 79, 167- 173 (1990).

15) E. G. de Jesus, T. Hirano, and Y. Inui : ibid., 82, 369-376 (1991).

16) E. G. de Jesus, Y. Inui, and T. Hirano : Zool. Sci., 9, 633-638 (1992).

17) E. G. de Jesus, Y. Inui, and T. Hirano : Gen. Comp. Endocrinol., 93, 44-50 (1994).

18) T. Seikai, J. B. Tanangonan, and M. Tanaka : Nippon Suisan Gakkaishi, 52, 977-982 (1986).

19) J. B. Tanangonan, M. Tagawa, M.

Tanaka, and T. Hirano : *ibid.*, **55**, 485-490 (1989).

20) K. Yamano, K. Araki, K. Sekikawa, and Y. Inui : *Dev. Genet.*, **15**, 378-382 (1994).

21) K. Yamano, and Y. Inui : *Gen. Comp. Endocrinol.*, **99**, 197-203 (1995).

22) K. Yamano, M. Tagawa, E. G. de Jesus, T. Hirano, S. Miwa, and Y. Inui : *J.*

*Comp. Physiol.* B, **161**, 371-375 (1991).

23) M. Tanaka, R. Kimura, M. Tagawa, and T. Hirano : *Nippon Suisan Gakkaishi*, **57**, 1827-1832 (1991).

24) R. Kimura, M. Tagawa, M. Tanaka, and T. Hirano : *ibid.*, **58**, 975 (1992).

25) 田川正朋：魚類の卵および仔稚魚における甲状腺ホルモンの動態と初期発育史との関連, 学位論文, 東京大学, (1990), 140pp.

# Ⅲ. 資源培養

## 7. バイオテクノロジー

山 本 栄 一 *

バイオテクノロジーは，生物のもつ機能を工学的手法によって利用する技術である．魚類においても成熟最終段階の配偶子や発生初期卵に種々の人為操作を加える技術の開発がすすめられている．ヒラメにおいては，染色体レベル，遺伝子レベルの研究が行われ，特に，育種分野での活用が進展している．雌の成長が雄よりも早いことに着目した，雌性化種苗の作出は養殖における効率を高め，また，染色体操作によるクローンヒラメの作出は，物理・化学的環境の影響把握や餌料効果，薬物の影響把握などのための実験魚として有望視されている．

ここでは，ヒラメの育種分野での研究において得られた成果のうち，資源培養の推進に関連する話題を中心に紹介する．

### §1. 性決定機構と人工種苗における自発的性転換雄の出現

#### 1・1 養殖における雌性化種苗利用の有効性

1980 年代半ばには，養殖ヒラメの雌雄に成長差があることが判明し[1]，成長の早い雌のみの種苗を作出する試みが始められた[2,3]．これは，ニジマスなどのサケ科魚類で性転換雄の誘導や染色体操作による雌性発生の誘起が全雌群の作出を可能とし，養殖効率の改善をもたらし始めた時期に相当する[4~9]．ヒラメにおいては早期から，生後 1 年半で雌は雄の 1.5 倍以上の体重に達し，全雌養殖が有利であることが確認された[10,11]．現在では，雌性化種苗を用いた養殖は実用化され，事業規模での養殖実験によってヒラメの養殖時期の短縮と大型魚生産が可能となり，新しい養殖パターンの展開ができるまでに至っている[12,13]．

---

・鳥取県水産試験場

## 1・2　ヒラメの性決定機構

　魚類の人為的性統御を可能とするには対象魚種の性決定機構について明らかにする必要がある．多くの研究を通じて現時点では，ヒラメの性を決定する遺伝子型モデルは，基本的には雄ヘテロ型（XY 雄－XX 雌）であることが判明している[12]．しかし，それが一致した意見に到達するまでは，ヒラメの示す性比の特異性に関連してかなりの混乱が存在した[2, 3, 14]．

　1984 年に最初に作出された第 2 極体放出阻止型雌性発生二倍体とその対照の通常ヒラメがいずれも雄 100％の性比を示した[2, 3]．また，同一作出群の異なる飼育群によって性比の変動する例もみられた[12]．このことから，当初ヒラメの性決定が遺伝的に複雑であり，Yamamoto[15]の示したようなポリジーンによるものである可能性[2, 3]や，性決定に環境要因の関与が存在する可能性が指摘された[3, 16, 17]．しかし，その後第 2 極体放出阻止型雌性発生二倍体や第 1 卵割阻止型雌性発生二倍体の作出と性比の調査例が増加するとともに，それらに出現する雄の後代検定，性ステロイドによって全雄に誘導された第 2 極体放出阻止型雌性発生二倍体の後代検定，さらに，同じく全雄に誘導された通常ヒラメの後代検定が合計 200 例以上蓄積され，これが性決定機構解明に解答を与えた．

　これらの研究を通じて，ヒラメの性決定機構はけっして複雑なものではなく，明らかに主導遺伝子が存在し，その遺伝子モデルは前述のごとく雄ヘテロ型であることが判明した．しかし，遺伝的雌（XX 個体）の性分化が遺伝的に強くは固定されておらず，環境要因による影響で自発的に生理的雄に性分化の転換を起こし，雄に偏った性比の変動が生じることが判ったのである[11, 12]．一方，遺伝的雄（XY 個体）の性分化は，環境要因の影響に対して，より安定していると考えられた[11, 12]

## 1・3　環境要因の性分化への影響

　この研究過程で，性分化時期の飼育水温が遺伝的雌の性分化の転換に強く関与することが明らかとなった[11, 12]．すなわち，ヒラメの生殖腺の分化の臨界期は変態着底終了以後 1 か月の間にあり，この期間に雌性発生二倍体や性転換雄の後代である遺伝的全雌群を 18～22℃の飼育水温で経過させると，雌の割合は100％に近くなるが，25～28℃の高水温で経過させると，極端な例では雄100％に達するまでの転換が生じた．また，15℃程度の低水温飼育群において

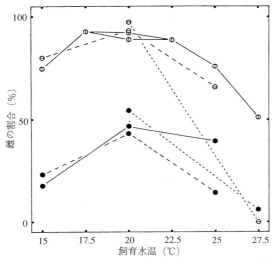

図7・1 異なる水温によって日齢40〜75を含む40〜105日間恒温飼育した雌性発生二倍体（⊖），雌性発生二倍体雄の次世代（①），および通常ヒラメ（●）の雌の出現率

も雄への転換傾向が示された．一方，通常ヒラメは，好適水温で雌雄比1：1を示すとともに，高水温と低水温のいずれにおいても，雄の割合の増加がみられた（図7・1）．また，遺伝的雌の雄への転換には給餌頻度が影響することなどが確認されており，性分化時期の代謝の異常性との関連が明らかになりつつある（山本，未発表）．

### 1・4 性分化の転換阻止を組込んだ種苗生産

このようなヒラメの性決定機構の特殊性，すなわち，普通に生じる遺伝的性と生理的性の不一致から，ヒラメの雌性化種苗の生産には，遺伝的性の人為的統御とともに生理的性の人為的統御も重要である[12]．これらの知見に基づいて，雌性化種苗生産においては，現在，水産庁のガイドラインによって，性転換を阻止することを目的に性分化時期の好適水温飼育が義務づけられている．しかし，個体による感受性などの相違のためか，若干の雄の出現はさけられず，遺伝的全雌卵を用いて生産された種苗であっても厳密には「全雌種苗」とは呼べない現状にある．技術的には，ステロイド処理により安定的に全雌の種苗を生産することは可能であるが，この方法は社会的理由から産業には応用できない．

### 1・5 通常の人工種苗，特に放流用種苗の性比

このような雌性化種苗作出の研究を続ける中で，育種分野の研究者の共通した疑問は，「栽培漁業における放流用種苗の性比はどうなっているのか？」，「天然添加群の性分化はどうなっているのか？」，ということであった．通常の人工種苗が雄に偏った性比をもつと想像することは全く自然なことであった．

例えば，鳥取県栽培漁業センターが作出した放流用種苗の 1986 年群では，雌 26.7％（N=75）[18]，1987 年群では，ロットにより，雌 20.0％（N=25）から 48.0％（N=50）[19] であった．また，兵庫県栽培漁業センターにおいても，1984 年種苗では雌 6.5％（N=46）および 20.0％（N=50）[3] の性比が報告され，雄に偏った例が確認されていたのである．このことは，放流用種苗には，けっして低くない割合で性転換雄が含まれていた可能性が高いことを示唆している．

### 1・6 性転換雄の環境中への放流数は？

平成 6 年度の栽培漁業におけるヒラメの種苗の放流数は，2,118 万個体であった．昭和 60 年以来の 10 年間の総放流数は，1 億 2 千 7 百万個体にものぼっている（水産庁・日本栽培漁業協会編，栽培漁業種苗生産，入手・放流実績による）．したがって，今までに性転換雄は千万尾オーダーで放流された可能性は否定できない．また，近年における放流尾数の増大は，毎年，数百万個体の性転換雄が放流されている可能性を推定させる．このような現状が続くと，雄の成長が劣ることによる放流魚の再捕漁獲効果を損なうのみならず，天然個体群の性比に偏りを生じ，さらには天然個体群の再生産に影響をあたえることが危惧される．

### 1・7 放流用ヒラメ種苗の性比はどうあるべきか？

ところで，北米大西洋岸に分布するトウゴロウイワシ科の *Menidia menidia* では，ヒラメのような温度依存性の性決定が行われることが報告されている．性決定について，遺伝的背景の存在は示唆されているが，明瞭な主導遺伝子による性決定のメカニズムについては明らかにされていない．この種については，温度依存性の性決定機構が生態戦略上，重要な意味をもっているものと推定されている [20~24]．ヒラメのあまりにも容易に変動する性比は，*Menidia menidia* の場合のように生態的戦略と関連する可能性も推定されるが，現在，それを支持するような証拠は得られていない．また，他のカレイ目魚類で，ヒラメに類似した性比の変動を示す種は少なくないが，その意味も明らかではない．

1987 年 7 月 15 日に鳥取県下の浅海部で投網によって採捕した平均全長 78.5 mm の若魚 115 個体を養成し，その性比を調査した例がある [19]．その群の雌の割合は 42.7％（N=75）であり，やや雄に偏るものの，雌雄比 1：1 と

有意な差は認められなかった．また，最近，全国各地で行われた天然魚の遺伝学的調査の対象となった魚群は，ほぼ1：1の性比を示した（木島，私信）．

いずれにしても，ヒラメは栽培漁業ならびに人為的資源管理の重要対象魚種であるにも関わらず，性比や性決定機構に関する基礎的知見は極めて不十分な状態にある．将来的に，自然個体群の性比とその意義を明らかにしていくことは，ヒラメの再生産構造を検討する上でも必要と考えられる．現時点では，このような基礎的知見の集積をめざしつつ，現実的には性転換雄を含まない種苗を放流用種苗として当てるのが合理的であると考えられる．

## 1・8　種苗性の重要指標としての性比

筆者は，平成8年から，放流用ヒラメ種苗の性比を種苗性の1項目として位置づけ，全国の種苗生産施設で作出される種苗由来の群の性比調査を開始した．全国で生産された種苗を鳥取県水産試験場に輸送し，育成して性比調査を行い，それぞれの種苗生産条件との因果関係を検討し，性転換雄の出現を阻止するための種苗生産方法を確立する基礎にしたいと願っている．しかし，最近，ヒラメの種苗生産にとって大きな被害を出しているウイルス性神経壊死症（VNN）により，ヒラメ種苗の地域間での移送が困難となり，計画は十分には進んでいない．

筆者は，今後，全国的規模でそれぞれのヒラメの種苗生産および放流機関が，放流の実際にあたっては性比を重要な種苗性の1つと位置づけ，取り組みを開始することを提唱したい．


## §2．生殖周期と産卵周期

ヒラメの生殖周期と産卵周期は，バイオテクノロジーによる直接的研究項目ではない．しかし，染色体操作を行うためには人工受精が必要であり，研究開始当初，搾出採卵方法などが周辺技術として検討された[25]．また，人為的性統御技術の事業規模での展開を図る過程で，多くの知見が蓄積された[12, 26]．これらの知見は，ヒラメが重要漁業対象魚種であり，人工種苗の大量作出が日常的に行われてきたにも関わらず，卵が飼育水槽内の自然産卵によって容易に得られるために見過ごされてきた．得られた知見は，資源培養において意義深いものではあるが，本題の主旨とは異なるので，以下に概略を記述するにとどめ，

詳細は引用文献を参考にされたい.

鳥取県での飼育条件下で雌の生殖周期を調査した結果，満 2 歳で初回成熟する個体が出現し，繁殖期の 2 か月前から卵黄形成が開始した．繁殖盛期の卵巣卵組成から，ヒラメの卵母細胞の発生様式は典型的な非同期発達型であることが確認された．ヒラメはこの様式に適合した多回産卵魚であり，約 3 か月の間，同一個体がマダイ[27]のようにほぼ毎日産卵することが判明した．1 シーズンの 1 個体の雌の卵形成量は，最高で体重の 2 倍にも達することが明らかとなった[12]．また，雄は満1歳に初回成熟し，繁殖のための精子形成はより早期より始まり，8 か月もの長期間続くことが観察された[12]．

## §3．クローンヒラメの作出と実験動物としての利用

### 3・1　クローンヒラメの作出

染色体操作によるクローン魚は，1980 年代にゼブラフィッシュ[28]やメダカ[29]といった実験魚で最初に作出された．次いで，1990 年代になって，コイ[30]，アユ[31]，数種のサケ科魚類[32, 33]など淡水産の漁業重要種でも作出例が報告された．海産魚では，1991 年に初めてヒラメでクローン系が得られた（図 7・2）[12, 34]．

クローンヒラメを得るためには，2 世代にわたる染色体操作が必要である．第 1 段階として，第 1 卵割阻止型雌性発生二倍体を誘導する．これは，体細胞分裂阻止によって染色体の倍化を行うため，すべての遺伝子座がホモ接合の完全同型接合体になる．第 2 段階では，この雌性発生二倍体を親魚として，再度雌性発生を繰り返す．これらの段階を経て，第 2 世代は親と遺伝的にまったく同質の完全同型接合体のホモ型クローンとなる．

### 3・2　ホモ型クローンとヘテロ型クローン

ホモ型クローンは，クローン内に雌雄を誘導することで，クローン内交配による増殖と維持が可能である[12]．ヘテロ型クローンは，ヘテロ接合型の遺伝子座をもちながらも，群としては遺伝的に均質な個体集団である．これは異なるホモ型クローンの雌雄の交配によって 1 世代に限って得られる．ヒラメでは，ヘテロ型クローンの方が，生残，成長，耐病性などで優れていることがさまざまな実験によって確かめられている[12, 34]．

7. バイオテクノロジー　89

図 7·2　1991 年に作出されたホモ型クローン（上）とヘテロ型クローン（下）
　　　　クローン内では形態的特徴がよく一致するが，クローン間では非常に異なる（半年齢）

## 3·3　近交系とクローン魚

　育種分野におけるクローン利用や近交系との関連については，他の文献[35, 36]を参照されたい．マウスの近交系の作出では兄妹交配を 20 世代繰り返すこと

が必要であり，近交係数が 98.6％となり，98〜99％の遺伝子座がホモ接合型になる [37]．メダカやゼブラフィッシュなどのように世代交代が短期間で行われる種では，非常に多くの近交系が作出・保存され，遺伝的均質性をもった実験動物として実験の再現性に大きく貢献している．これらの実験魚でも，近交系は弱勢傾向を示し，ヘテロ型クローンのように，異系統交配第 1 世代が実験に利用される場合が多い．

　一方，クローン魚では，その作出過程で，1 世代で近交係数 100％の魚，すなわち，完全同型接合体魚が作出されるとともに，それを用いて短期間に実験に有効なヘテロ型クローン集団を得ることができる．それゆえ，クローン魚は，質的により優れた実験動物であると同時に，世代交代の期間が長い水産対象魚種を実験動物化するには極めて優れた方法である．

### 3・4　実験動物としてのクローンヒラメの作出に要する期間と保存

　ヒラメの雌は飼育条件下では通常 2 年で成熟するので，順調に進めば，作出開始から，ホモ型クローンの作出が 3 年目，ホモ型クローン間交配によるヘテロ型クローンの作出が 5 年目ということになる．ただし，第 1 卵割阻止型雌性発生二倍体を直接雄に誘導すれば 3 年目でヘテロ型クローンを作出することができる [12, 34]．

　ヒラメにおけるクローン利用の有利性の一つは，1 世代の生殖可能期間が長いことである．山陰地方の常温飼育条件下では，雄は 10 年以上の精子形成能力をもち，雌は少なくとも 4，5 年の間良質卵を産出する能力をもつので，同一クローン世代を長期にわたって供給しうる．また，ヒラメでは，搾出採卵によって，一度に一腹から数万粒以上の卵を得ることも可能であり，さらに，同一産卵期に複数回の採卵が実施できる場合もある．これらの利点を生かして，同一条件にあるクローン卵をもとに広範な実験計画をたてることが可能である．ちなみに，アユは 1 年で成熟し，へい死する．それゆえ，クローン保存には，毎年，新しい世代を生産し続けなければならない．また，1 個体のよう卵数もけっして多くない．

### 3・5　クローンヒラメの雌雄性

　雌性発生で作出されたヒラメのクローンは，性を決定する遺伝子モデルが雄ヘテロ型なので，遺伝的に全雌となる．実験内容によって，遺伝的雄のクロー

ンが必要である場合，まだ現実化はしていないが，その作出は理論上は可能である．第1は，サクラマスにおいてその作出例がある[32]ように，雄性発生によってクローンを作出すると，遺伝的に全雄と全雌のクローンが得られる．第2は，ステロイド処理によって性転換雌（XY雌）を作出し，これをもとに雌性発生でクローンを得る方法で，その結果は同様である．

　ところで，ヒラメの遺伝的雌の性分化は，環境要因に影響され，転換されやすいものであることを§1項で述べた．このことは，性転換雄の作出が非常に容易であり，自発的に出現する性転換雄と高水温飼育で得られる性転換雄を，ステロイド処理による性転換雄と同様に実験魚として用いることができ，また，ホモ型クローンの系代保存に利用可能である．この点も，ヒラメクローン魚の著しい利点といえる．

　また，このようにヒラメは特異な性決定様式をもつため，哺乳類を含めてまだほとんど明らかではない性決定そのもののメカニズムを解明する実験対象としても，ヒラメは好適であろう[38]．そのためには，上述の全雄クローンの作出などが期待される．これらのことが実現することにより，本種は異体類の枠を越え，また魚類の枠を越えて，基礎生物学の格好な実験動物になることが期待される．

### 3・6　形質決定における遺伝的要因と環境要因

　生物の形質は，関連遺伝子の機能発現と生体内外の環境要因の相互作用として決定される．これは，質的形質と量的形質とに大別される．

　質的形質は，不連続な個体変異を示す形質であり，一般に主導遺伝子が強く働いて決定されると考えられがちである．しかし，ヒラメのクローン群内に，正常個体にまじって有眼側逆位個体が出現する例などは，環境要因の作用を考慮しなければ理解されず，その遺伝的基礎の評価の再検討が必要なことを示唆している．これは，性決定の問題についても全く同様である．一方，量的形質は，個体によって連続的変異のみられる形質であり，ポリジーンに支配され，環境要因を強く受けて発生・成育の過程で決定される．この検討には，遺伝的に変異のないクローン魚を実験素材として用い，環境要因の作用の評価をより厳密に行うことが可能である．また，クローン魚を実験対照群として用い，形質の遺伝率の算定を行うことも可能である[39]．

このように，クローンヒラメは，質的形質の遺伝的背景の再検討と量的形質の発現要因の解明に有効である．

### 3・7　クローンヒラメを実験動物として扱った実例と今後

第 1 の例は性分化に及ぼす水温の影響に関する実験である．一つのヘテロ型クローン集団の 4 飼育群について，性分化時期を異なる水温下で飼育し，性比が調査された結果，飼育水温 20.0，22.5，25.0，27.5℃で，雌の割合はそれぞれ 86.0，77.1，30.3，0％と，著しい変異を示すことが明らかとなった [12]．このことから，遺伝的雌の性分化には環境要因が顕著な影響を及ぼすことが確証された．同時に，クローン魚に給餌頻度を変えて性分化状況を調査したところ，低頻度給餌群では有意に雄の割合の増加が確認された（山本，未発表）．

第 2 の典型例は雌雄による成長差に関する実験である．一つのヘテロ型クローンの通常飼育群は，自発的な性転換によって雌雄比 1：1 を示した．この群を日齢 773 まで飼育し，雌雄による成長差を調査した結果，平均体重は，日齢 445 で雌では雄の 1.8 倍であり，その差は日齢 773 では 2.9 倍まで広がった [12]．このことから，成長の雌雄差は，遺伝的性に基づくものではなく，魚体内の環境要因ともみなされる生理的性の差によって生じることが確認された．なお，この群については，原ら [40] によって DNA フィンガープリントが作成され，遺伝的均質性の証明が報告されている．これら 2 例は，クローン魚を使うことによって，遺伝的要因を捨象し，環境要因の形質発現に及ぼす影響を直接知る可能性を示している．

また，量的形質発現が環境要因によって受ける影響の評価の際には，遺伝分散を含まず，環境分散のみの精度の高い実験結果を得ることができ，実際に，飼育水温と鰭条数などの計数形質の関係をみるための実験において，通常ヒラメによる実験結果より明らかに小さな分散を示すデータが得られている [41]．クローンヒラメを用いることにより，餌量効果実験や薬物投与実験においても，同様の優れた結果が得られることが期待される．

さらに，遺伝子レベルでの解析対象としても，クローンヒラメは貴重である．第 1 の例は，生体防御関連遺伝子の検索および構造・機能の検討へのクローンヒラメの応用である．クローンヒラメに *Edwardsiella tarda* あるいはヒラメラブドウイルスを感染させ，その後，特異的に発現する 10 種類以上の遺伝子が

検出されている．これらでは，ディファレンシャルディスプレイ法による白血球 RNA の解析が行われた．今後は，白血球 cDNA ライブラリーの作製などにより，発現遺伝子の構造解析や，発現の活性時期の解析が予定されている（廣野，私信）．第 2 の例は，ヒラメの遺伝子地図の作製における利用である．すでに通常ヒラメから，多数のマーカー遺伝子が得られている．これをヘテロ型クローンないしその戻し交配子孫について検索・マッピングすることで，1 クローンに特有な標準地図を作製することができる．これは，クローンが保存される限り，有効に利用しうる（岡本，私信）．

　ここにあげた例は，クローン魚の実験動物としての利用の一部であり，その利用可能性は一層増大するものと思われる．今後，クローン魚を利用した研究が，資源培養などの広範な分野でフィードバックされ，大いに貢献することを期待したい．

### 3・8　クローンヒラメの実験動物としての限界と対処

　「生物多様性」が昨今の話題となるなかで，種内の遺伝子の多様性への注目が高まっている．それは，それぞれの種が進化の過程で環境に適応してきた結果であり，将来的な環境変化にも耐え得る潜在能力を保障しているものと考えられる．ヒラメが個体レベルでさえもっている遺伝的多様性は，第 1 卵割阻止型雌性発生二倍体の姉妹群を個体別に飼育してその特性を調べた結果より，極めて大きいことが判明している（山本，未発表）．一つのヒラメのクローンは，その種全体としての遺伝子資源の総和のごく一部を担っているに過ぎず，その点は十分に認識しておくべきことと考えられる．

　したがって，クローンヒラメを実験動物に使用する際，一つのクローンによる実験によって得られる事柄と，より多くのクローンを使った実験によって確認される事柄の質の違いを明確に区別しておく必要がある．生物の多様性に関わる実験を多面的に行うためには，多数のクローン系の作出やその保存ならびに供給体制の早急な充実が求められる．

　ゼブラフィッシュなどのすでに確立された実験魚では，極めて多数の近交系統や突然変異系統が維持され，有効に利用されている．ヒラメのクローン系をそのレベルで保存する上で，体の大きさや海産魚であることに伴う高コストと継続飼育の難しさが障壁として存在している．しかしながら，ヒラメは重要な

漁業対象種であり，基礎研究の観点からとともに資源培養や育種の観点から，クローン化技術を付加させたジーンバンクの創設が望まれる．

## 文　献

1 ）中本幸一・小野山弘：兵庫水試研報，23，57-61（1985）．

2 ）田畑和男：水産育種，13，9-18（1988）．

3 ）田畑和男：兵庫水試研報，28，1-134（1991）

4 ）D. Chourrout and E. Quillet： Theor. Appl. Genet., 63, 201-205（1982）.

5 ）T. Refstie, J. Stoss and E. M. Donaldson：Aquaculture, 29, 67-82（1982）.

6 ）岡田鳳二：北海道孵化場研報，40，1-49（1985）．

7 ）臼田 博：水産育種，14，11-22（1989）．

8 ）F. Yamazaki：Aquaculture, 33, 329-354（1983）．

9 ）山崎文雄：水族繁殖学，緑書房，1989，pp. 141-165.

10）田畑和男・五利江重昭：日水誌，54，1867-1872（1988）．

11）山本栄一：水産育種，18，13-23（1992）．

12）山本栄一：鳥取水試報告，34，1-145（1995）

13）山本栄一：養殖，33，63-65（1996）．

14）K. Tabata：Nippon Suisan Gakkaishi, 57, 845-850（1991）.

15）T. Yamamoto：Fish physiology, Ⅲ , Academic Press, 1969, pp. 117-175.

16）山本栄一・増谷龍一郎：鳥取水試報告，32，28-38（1990）．

17）山本栄一・増谷龍一郎・平野ルミ：水産育種，16，57-62（1991）．

18）増谷龍一郎・山本栄一・三木教立・小林啓二：鳥取栽漁試報告，5，7-11（1987）．

19）増谷龍一郎・山本栄一・三木教立・谷口朝宏：鳥取栽漁試報告，6，7-10（1988）．

20）D. O. Conover and B. E. Kynard：Science, 213, 577-579（1981）.

21）D. O. Conover：Am. Nat., 123, 297-313（1984）.

22）D. O. Conover and M. H. Fleisher：Can. J. Fish. Aquat. Sci., 43, 514-520（1986）.

23）D. O. Conover and S. W. Heins：Nature, 326（6112）,496-498（1987）.

24）D. O. Conover and D. A. van Voorhees：Science, 250, 1556-1558（1990）.

25）田畑和男・五利江重昭・中村一彦：兵庫水試研報，24，19-27（1986）．

26）平野ルミ・山本栄一：鳥取水試報告，33，18-28（1992）．

27）松浦修平・古市政幸・丸山克彦・松山倫也：水産増殖，36，33-39（1988）．

28）G. Streisinger, C. Walker, N. Dower, D. Knauber and F. Singer： Nature, 291, 293-296（1981）.

29）K. Naruse, K. Ijiri, A. Shima and N. Egami： J. Exp. Zool, 236, 335-341（1985）.

30）J. Kommen： Aquaculture, 92, 127-142（1991）.

31）H. Han, N. Taniguchi, and A.Tsujimura： Nippon Suisan Gakkaishi, 57, 825-832（1991）.

32）名古屋博之：水産育種，20，1-8，（1994）．

33）T. Kobayasi, A.Ide, T.Hiasa, S. Fushiki, and K. Ueno：Fisheries Science, 60, 275-281（1994）.

34）山本栄一：ヒラメにおけるクローンの作出と育種利用，第 13 回基礎育種学シンポジウム報告，41-52，日本学術会議育種学研連（1992）．

35）谷口順彦：ゲノム操作による魚類の品種改良法，第 12 回基礎育種学シンポジウム報告，42-60，日本学術会議育種学研連（1991）．

36）谷口順彦・青木 宙：現代の水産学（日本水産学会出版委員会編），恒星社厚生閣，1994, pp. 143-161.

37）田口泰子：実験動物としての魚類，ソフトサイエンス社，1981, pp. 9-21.

7. バイオテクノロジー　*95*

38）長浜嘉孝：魚類生理学（板沢靖男・羽生
功編），恒星社厚生閣，1991, pp. 243-286.

39）谷口順彦：水産育種, **21**, 57-66,（1995）.

40）原　素之・出羽厚二・山本栄一：日水誌,
**59**, 731（1993）.

41）T. Seikai, T. Maki, E. Yamamoto and M.
Tanaka : *J. Sea Res.*,（submitted）.

# 8. 健苗育成と栄養要求

## 竹 内 俊 郎 *

　近年ヒラメ *Paralichthys olivaceus* の種苗生産技術の向上に伴い，栽培セン
ター1事業場100万尾単位の生産が可能となった．しかし，生産されたヒラメ
に体色・体形異常などの形態異常が現在においても多発し，その原因解明と防
除方法の確立は十分ではない．ヒラメの体色異常には，有眼側の白化および無
眼側の黒化，体形異常には脊椎骨や尾椎の癒合など多様な骨異常がみられる．
これまでの栄養面からの研究により，白化の防止には脂溶性ビタミン（VA,
VD, VE），高度不飽和酸（HUFA）の中で特にドコサヘキサエン酸（DHA），
リン脂質などが，黒化の防止には微粒子飼料の投餌を遅らせ魚卵を投与するこ
とが有効であるといわれている．さらに，骨異常の発現には VA の過剰投与が
影響するとともに，他の脂溶性ビタミン，たとえば VE などと併用することに
より発現が緩和されるなどの知見が得られている．さらに，これらの異常を発
現するメカニズムのうち，白化については仮説が提案されているが，その他の
異常については明らかではない．

　ここではヒラメの仔稚魚を中心に，現在までに明らかにされている栄養要求
について述べるとともに，形態異常と栄養因子との関わりを論じ，さらに健苗
育成技術開発に向けての取り組みについても若干紹介する．

### §1. 栄養要求

### 1・1　孵化後の体成分の経時変化

　健苗を語る上で天然魚のデータは欠かせない．成長段階別に採集した天然お
よび人工種苗生産ヒラメの脂質に着目し，両者の比較が行われた．その結果，
脂質含量を始め，VE 含量や 2, 3 の脂肪酸の割合に大きな違いが認められ
（図 8・1〜8・4），特に人工種苗生産のヒラメでは孵化後 VE と DHA 含量が著
しく減少することがわかり，これら両成分の役割の重要性が示唆された[*1]．

---

　* 東京水産大学

リノール酸（LA）は配合飼料に含まれていることから，ヒラメに限らず，マダイ，シマアジなどでも人工生産魚に LA が蓄積される傾向がみられる．マ

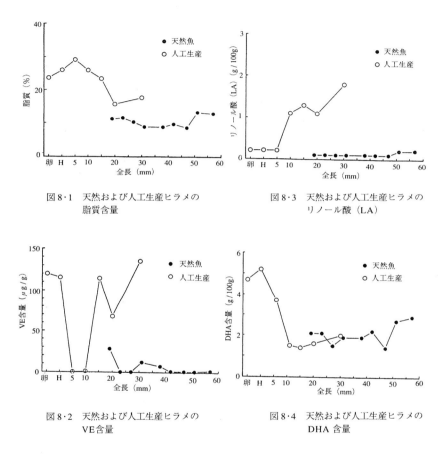

図 8・1　天然および人工生産ヒラメの脂質含量

図 8・3　天然および人工生産ヒラメのリノール酸（LA）

図 8・2　天然および人工生産ヒラメの VE含量

図 8・4　天然および人工生産ヒラメの DHA 含量

ダイを用いて放流後の魚体（鰓）に含まれる LA 含量の経時変化を調べたところ，音響馴致を施し LA を含有する飼料を投餌したにもかかわらず 6～9 か月後には天然魚とほぼ同じ組成にまで低下した[*2]．このことは，人工生産魚に

---

[*1] 竹内俊郎・鄭　峰・狩野文正・渡邉　武・與世田兼三・廣川　潤・関谷幸生・三橋直人・今泉圭之輔：平成 5 年度日本水産学会秋季大会講演要旨集，p.75.
[*2] 竹内俊郎：平成 4 年度健苗育成技術開発年度末報告

LA が蓄積されていても，LA は速やかにエネルギー源として消費されること
を意味している．

### 1・2　各栄養素の要求

　ヒラメ仔稚魚の栄養要求に関する知見は少ない．飼料中のタンパク質含量は
45％以上，特に仔稚魚期では 55％以上の場合が多い．必須アミノ酸要求量に
ついては明らかではないが，その種類は他の魚類と同じ 10 種類であることが
アイソトープを用いた研究で明らかにされている[1]．

　必須脂肪酸については，ヒラメのほかに，ヨーロッパでは turbot *Scophthalmus maximus* がよく研究されている．5 mm サイズのヒラメを微粒子飼料で飼
育するとエイコサペンタエン酸（EPA）よりも DHA を強く要求し，1％添加
で最大の成長を示す[*3]．一方，アルテミア摂餌期における n-3HUFA 要求量は
3.5％以上[2]であるが，魚体重が 20 g 以上になると 1.1〜1.4％[*4]と低下する．
アルテミア摂餌期の海産仔稚魚数種における n-3HUFA を主に構成している
EPA と DHA の効力の違い，さらに DHA 要求量をまとめて表 8・1 に示す．

表8・1　アルテミア摂餌期における海産仔稚魚の DHA 要求および EPA と DHA の効果の比較

| 魚　種 | DHA要求（%） | 成　長 | 生残率 | 活力試験 | 文　献 |
|---|---|---|---|---|---|
| ヒラメ | 1[*3] | EPA＝DHA | EPA＝DHA | EPA＝DHA？ | *5 |
| マダイ | 1.0〜1.6 | EPA＝DHA | EPA＝DHA | EPA＜DHA | 28 |
| マダラ | 1.6〜2.1 | EPA≦DHA | EPA≦DHA | EPA＜DHA | 29 |
| シマアジ | 1.6〜2.2 | EPA≦DHA | EPA＜DHA | EPA＜DHA | 30 |
| ブリ | 1.4〜2.6 | EPA＜DHA | EPA＜DHA | EPA＜DHA | 31 |

ヒラメ，マダイは両脂肪酸の効力に大きな違いはないが，シマアジ，ブリなど
では DHA の効果が大きく，特に，ヒラメを除きいずれの魚種でも優れた活力
の向上を示す．さらに最近，アルテミア摂餌期におけるヒラメ仔稚魚の EPA
および DHA の脳形成に及ぼす影響を調べた結果，オレイン酸（EFA 欠乏）区
に比較し，両区とも行動を司るといわれている小脳冠[3]の重量比が大きくなる
傾向がみられた[*5]．

---

*3　金澤昭夫・松本裕由・手島新一・越塩俊介・尾田　正：平成 6 年度日本水産学会秋季大会講演
　　要旨集，p.74.

*4　黒木克宣・弟子丸　修・米　康夫：昭和 60 年度日本水産学会秋季大会講演要旨集，p.108.

*5　H. Furuita, T. Takeuchi, and K. Uematsu : Abst. Ⅶ International Symposium on Nutrition and
　　Feeding of Fish, 11-15, August, 1996.

turbot ではワムシ摂餌期でのn-3HUFA 要求量は 1.2〜3.2％ [4]，当歳魚の 85 g で 0.8％ [5]，2 歳魚で 0.57％と [6]，その要求量は成長とともにやはり低下する．なお，リノレン酸（LNA）は EPA や DHA に変換されにくいことがアイソトープを用いた実験により明らかにされているが [7]，2 歳魚の turbot では 4％ LNA 含有飼料で飼育すると 0.57％ n-3HUFA 区とほぼ同等の成長をすることから [6]，成長に伴う脂肪酸転換酵素の活性が高まるものと考えられる．

ヒラメも他の海産仔稚魚と同様に，リン脂質が必須である [8]．脂肪酸の形態の違いによる成長や環境要因（溶存酸素，塩分，水温）の変動に及ぼす影響が調べられた結果，フォスファチジルコリンに DHA が付いた形態のものを仔魚に与えることにより，有意に優れた効果が得られている [*6]．

ヒラメに必要なビタミンは，チアミン，アスコルビン酸，コリン，イノシトール，VA などで，特にアスコルビン酸が欠乏すると，腹部膨満および肝臓肥大などの欠乏症がみられることが報告されている [1]．

## §2. 形態異常と栄養因子との関わり

体色と体形それぞれの異常に分けて論じる．

### 2・1 体色異常

1）白化：もっとも早くから問題にされたヒラメの異常であり研究例も多い．白化の出現は餌料の要因が大であり，変態初期（全長 8.0〜8.5 mm）における餌料の質の違いにより引き起こされること [9]，白化の防除には DHA を含むリン脂質（フォスファチジルコリンやイノシトール），脂溶性ビタミン（VA，VD）が極めて有効であることが明らかにされている [10〜12]．この出現機構としては上述の物質が不足すると，網膜中，暗視能力を司る桿体の光感受性物質ロドプシンが生成されないため網膜機能開始が遅れ，そのため網膜からの情報が中枢器官へ送られず，内分泌器官からのホルモンの分泌が不足し，白化が出現するという仮説が提案された [10]．関連して，白化個体に比較し，正常個体の脳や網膜を含む眼に DHA を含む n-3HUFA 含量が高くなることが示された [13]．なお，turbot でも孵化後 61 日目の魚で DHA が脳に急速に取り込まれることが明らかにされている [14]．

---

[*6] 金澤昭夫・手島新一・越塩俊介・山本恵之：平成 8 年度日本水産学会春季大会講演要旨集, p.106.

その他，白化とビタミン $B_2$ [15]や微量元素（Zn，Cu，Fe）[16]との関係についても報告されているが，白化部位におけるこれら栄養素の減少は結果であり，白化防止の主要因にはなっていないようである．

2）黒化：近年上述の体色白化出現の沈静化に伴い注目され始めた異常である．白化の場合には，成長に伴い有眼側の白色部分へのメラニンの沈着などがみられ，成魚になると白色部分が減少したり見分けがつかなくなる場合が多い．一方，黒化の場合には成魚になっても無眼側の特徴は失われず，市場価値が低くなり産業的に問題が大きい．黒化個体の出現には環境要因（光や飼育密度）が大きいといわれていたが，最近，孵化後27日（TL，11.5 mm）より微粒子飼料を与えると，白化は防止できるが，黒化はより発現するとの結果が報告された [17]．この時期に与える栄養因子が何らかの黒化発現に関与していることが示唆され，今後詳細な検討が必要であろう．

### 2·2 体形異常

1）種苗生産現場での事例：白化防止を目的にヒラメの餌料であるワムシやアルテミアを脂溶性ビタミンや油脂で栄養強化する試みが種苗生産の現場で行われた．その結果，白化個体の発生は押さえられたがワムシ培養水 1 l 当たり VA，VD，VE をそれぞれ 5 万 IU，2.5 万 IU および 20 IU 混合投与して得たビタミン強化ワムシをヒラメ仔魚に投餌することにより，尾柄部への異常がみられ [18]，さらにアルテミアにも同様の脂溶性ビタミンを含む乳化剤を与えたところ，ワムシへの強化濃度よりも低濃度で尾柄部や脊椎骨の癒合，変形などが発現した．そのため，脂溶性ビタミン以外に乳化剤中に含まれる界面活性剤の影響が疑われた [*7]．

その後の研究により，界面活性剤は主要因ではないが，その種類により脂溶性ビタミンのアルテミアへの取り込み量が異なること，ワムシに与える 1/5 の程度の VA をアルテミアに与えるだけで，その強化アルテミアを摂餌したヒラメ仔稚魚は著しい体形異常を発現することが明らかになった [*7]．現在，脂溶性ビタミン強化剤は低濃度で生物餌料に強化して使用されている．

2）VA：上述の事例および研究により VA が体形異常発現の主要因であるこ

---

[*7] 日本栽培漁業協会伯方島・宮古事業場：ヒラメ種苗生産で生じる脊椎骨等異常の形態異常出現要因解明・防除試験の概要，平成 5 年 11 月 29-30 日．

とが明らかになり,体形異常の発現および白化の防止に必要なアルテミアへの VA 強化濃度や発現に関与するヒラメの変態ステージの特定に関する研究が行われた.種々の実験の結果,アルテミア培養水 1 l 当たり 1 万 IU の VA を強化したアルテミアを摂餌したヒラメは成長が劣り,椎体・尾椎の異常などが観察されるとともに[19],この量の VA をヒラメの G ステージ(孵化後 25〜27 日,全長 11 mm)に与えるのみで形態異常が強く発現することが突き止められた(図 8・5)[20].

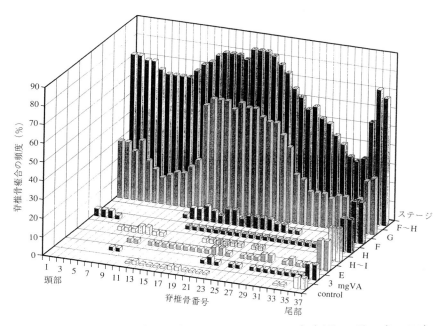

図 8・5 ビタミン A を 1 万 IU(ステージ F〜H,G,F,H,H〜I,E)または 0.3 万 IU(3mg VA)(アルテミア幼生培養水 1 l 当たり)で強化したアルテミアを各ステージのヒラメ仔稚魚に投餌したときの脊椎骨異常の頻度分布[20]

また,アルテミアへの VA 適正添加量は,培養水 1 l 当たり 0.2 万 IU 以下,アルテミア 1 g(乾燥重量当たり)中 50 IU 以下,一方,過剰量はそれぞれ 0.4 万 IU および 400 IU 以上であることが明らかとなった[21].VA は体色と体形の両形態異常に関与する重要な因子であることがわかったが,VA の前駆体である $\beta$-カロテンや種々のカロテノイドには形態異常(白化)の発現を防止す

*102*

る効果は特に認められていない[19].

さらに，VA の代謝産物であるレチノイン酸を用いてアルテミアを強化しヒラメに投餌したところ，VA 強化区と全く同様の形態異常を示した[*8]. 哺乳動物あるいは両生類においてレチノイン酸は催奇性発現物質として知られ，胎児や初期胚の形態形成に大きく関与することが明らかにされている[22~25]. このように，ヒラメに認められた形態異常はこのレチノイン酸の影響であり，ヒラメのように骨形成が変態完了まで十分でない，すなわち，軟骨から硬骨形成が行われる F～G ステージに過剰の VA やレチノイン酸が投与されることにより形態異常が形成されることがわかった. このことは，ヒラメ以外の海産仔魚にも軟骨-硬骨形成時に高濃度の VA やレチノイン酸を与えると同様の異常が生じる可能性が大であり，十分に注意する必要がある. なお，レチノイン酸による形態異常の作用機構の解明が哺乳動物を中心に進められているが，種々発現する催奇性は高濃度のレチノイン酸がレチノイドレセプターを介してホメオティック遺伝子発現プログラムをかく乱するためと考えられている[26]. レチノイン酸はこれら特異的遺伝子発現に重要な役割を演じることから，魚類においても今後詳細な検討が必要であろう.

### §3. 健苗育成技術開発に向けて

ここでは最近のトピックスについて 2，3 の例を紹介する.

### 3·1 親魚飼料

健全な仔稚魚を生産するためには，仔稚魚期の餌料の改善のみならず，その卵や卵を生み出す親の栄養状態も大きく関与することが知られている. ヒラメの親魚飼料の研究例は少なく，親魚飼料に VE やリン脂質であるレシチンを添加することにより産卵数が増加することが明らかにされているが，その後の受精率や孵化率などへの効果については認められていない[*9, 10].

ヒラメの場合には，マダイなどとは異なり，小型水槽（1 t 程度）での産卵が困難であるといわれている. そのため大型水槽を使用することになり，試験

---

[*8] J. Dedi・竹内俊郎・青海忠久・渡邉　武・細谷和海：平成 8 年度日本水産学会秋季大会講演要旨集，p.64.

[*9] 涌井邦浩・大滝勝久：福島県水産種苗研究所，平成 2 年度事業報告，1990，pp.57-69.

[*10] 涌井邦浩・大滝勝久：福島県水産種苗研究所，平成 3 年度事業報告，1991，pp.57-70.

区を多数設定することができず親魚飼料改善に関する研究が遅れる原因となっている。まず、小規模での実験設定が可能となるような工夫が必要であろう。ヒラメの場合には仔稚魚期に上述の異常が多発することから、親-卵-仔魚-稚魚と継続して飼育し、栄養素の効果を追跡する必要がある。

### 3・2 天然餌料と配合飼料

前述したように、天然魚と人工種苗生産魚の体成分の比較は健全な仔稚魚の育成に必要な栄養因子の解明に役立つが、天然のヒラメが摂餌している餌料や配合飼料を用いてヒラメの飼育試験を行ったり、両成分の化学組成を比較することも健全な仔稚魚の生産を計る上で重要な知見を提供する。

一般に、ヒラメの稚魚はアミをよく好むことが知られている。そこで体長20 mm(体重0.1g)前後の稚魚に、天然のアミを投餌し、擬似天然ヒラメを作成して成長や体成分に及ぼす影響を配合飼料の場合と比較した。生きたアミ投与区の成長が最も優れ、乾燥重量当たりの飼料効率も2.0を上回る優れた値を示し、アミの有効性が示唆されるとともに[27]、体成分を比較したところ、アミノ酸ではタウリンの、脂肪酸ではモノエン酸とDHAの値に違いがみられ、アミ投餌区でタウリンとDHAが高くなった。さ

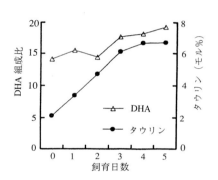

図8・6 配合飼料から生きたアミへ餌料を転換後のヒラメ稚魚におけるタウリンおよびDHAの経時変化

らに、ヒラメの餌を配合飼料からアミに転換するとヒラメの体成分は3~4日の短期間で急激に変化し一定に推移することが明らかとなった(図8・6)[*11]。アミの有効成分の検索などについて今後検討する必要があろう。

### 3・3 環境条件の違いによるヒラメ仔魚の微粒子飼料の摂餌促進

微粒子飼料の開発が盛んになり、栄養要求や造粒法など多岐にわたり研究が行われている。特にヒラメやマダイなどではアルテミア摂餌期からの微粒子飼

---

[*11] G.-S. Park, T. Takeuchi, and T. Seikai : Abst. The IInd Japan-Korea Joint Meeting and Symposium on Aquaculture, 12-14 August, 1996, pp.67-68.

料の併用または単独給餌が可能になりつつある．しかし，ワムシ摂餌期からの微粒子飼料の開発にはまだしばらく時間がかかると思われ，それまでは微粒子飼料の飼育に適した飼育方法の検討なども必要である．そこで，水槽の色に着目し微粒子飼料の摂餌状態を検討した結果，ワムシ摂餌期のヒラメでは黄色や緑色の，マガレイでは黒色や赤色の水槽にすることにより，微粒子飼料の摂餌が活発になることが見い出された（図8・7）[*12]．今後はさらに飼料の質と環境

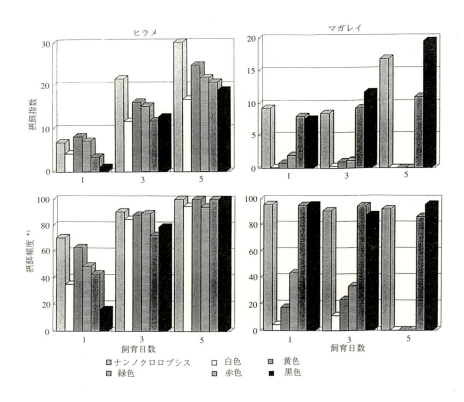

図8・7　水槽（100 *l* ）の色の違いによるヒラメおよびマガレイ仔魚の微粒子飼料摂餌状況
　[*1]　摂餌指数＝（消化管をカバーグラスで130〜150 $\mu$m の厚さまで押しつぶしたときの内容物面積の平均値）×100
　[*2]　摂餌頻度＝（摂餌個体数／サンプル数）×100

---

[*12]　竹内俊郎・藤浪祐一郎・渡邉　武：平成5年度日本水産学会秋季大会講演要集，p.74.

条件の両面から詳細に検討する必要があろう.

　これまでの研究成果により，ヒラメの体色や体形異常に関与する栄養因子がほぼ特定されたが，その発現のメカニズムについてはまだ検討の余地がある.今後は栄養成分として特に VA，VD，VE，DHA さらにホルモンなどと各種の異常との関係を調べるとともに，これら成分の複合効果についても量的なものを含め検討し，形態異常発現のメカニズムにメスを入れる必要があろう.さらに，擬似天然ヒラメを参考にして放流に適した性質をもつヒラメ稚魚の生産に必要な栄養素の質と量の解明も重要である.これらの栄養成分に関する知見は，微粒子飼料や生物餌料の改善に大いに役立つことが期待される.

## 文　献

1 ）金沢昭夫：水産増殖，38，398-399（1990）.

2 ）M. S. Izquierdo, T.Arakawa, T. Takeuchi, R. Haroun, and T. Watanabe : *Aquaculture*, 105, 73-82（1992）.

3 ）小川良徳：日水誌，33，628-635（1967）.

4 ）Le. C. Milinaire : These 3ᵉᵐᵉ cycle. Univ. Bertagne Occidentale, 1982, 167p.

5 ）J. F. Gatesoup, C. Leger, R. Metailler, and P. Luquet : *Ann. Hydrobiol.*, 8, 89-97（1977）.

6 ）C. Leger, J. F. Gatesoup, R. Metailler, P. Luquet, and L. Fremont : *Comp. Biochem. Physiol.*, 64B, 345-350（1979）.

7 ）J. M. Owen, J. W. Andron, C. Middleton, and C. B. Cowey : *Lipids*, 10, 528-531（1975）.

8 ）A. Kanazawa : *Feed Oil Abstr.*, No.18, 1-5（1983）.

9 ）T. Seikai, M. Shimozaki, and T. Watanabe : *Nippon Suisan Gakkaishi*, 53, 1107-1114（1987）.

10）A. Kanazawa : *J. World Aquacult. Soc.*, 24, 162-166（1993）.

11）三木教立・谷口朝宏・浜川秀夫：水産増殖，36，91-96（1988）.

12）三木教立・谷口朝宏・浜川秀夫：水産増殖，37，109-114（1989）.

13）A. Estevez and A. Kanazawa : *Fisheries Sci.*, 62, 88-93（1996）.

14）G. Mourente and D. R.Tocher : *Aquaculture*, 105, 363-377（1992）.

15）中村弘二・飯田　遥：日水誌，52，1275-1279（1986）.

16）T. Nakano, K. Ono, and M. Takeuchi : *Nippon Suisan Gakkaishi*, 58, 2207（1992）.

17）高橋庸一：日水誌，60，593-598（1994）.

18）三木教立・谷口朝宏・浜川秀夫・山田　幸夫・桜井則広：水産増殖，38，147-155（1990）.

19）T. Takeuchi, J. Dedi, C. Ebisawa, T. Watanabe, T. Seikai, K. Hosoya, and J. Nakazoe : *Fisheries Sci.*, 61, 141-148（1995）.

20）J. Dedi, T. Takeuchi, T. Seikai, T. Watanabe, and K. Hosoya : *Fisheries Sci.*, 63 in press（1997）.

21）J. Dedi, T. Takeuchi, T. Seikai, and T. Watanabe : *Aquaculture*, 133, 135-146（1995）.

22) 橋本祐一・首藤紘一：レチノイド，講談社サイエンティフィク，1992, 198p.

23) M. Kessel and P. Gruss : *Cell*, 67, 89-104 (1991).

24) M. Kessel : *Development*, 115, 487-501 (1992).

25) K. J. Rothman, L. L. Moore, M. R. Singer, U. D. T. Nguyen, S. Manino,and A. Milunsky : *New Eng.J.Med.*, 333, 1369-1373 (1995).

26) 加藤茂明：日本油化学会誌，45, 407-414 (1996).

27) T. Seikai, T. Takeuchi, and G.-S. Park : *Fisheries Sci.*, 63, in press (1997).

28) H. Furuita, T. Takeuchi, M. Toyota, and T. Watanabe : *Fisheries Sci.*, 62, 246-251 (1996).

29) 鄭　峰・竹内俊郎・與世田兼三・小林真人・廣川　潤・渡邉　武：日水誌，62, 669-676 (1996).

30) T. Takeuchi, R. Masuda, Y. Ishizaki, T. Watanabe, M. Kanematsu, K. Imaizumi, and K. Tsukamoto : *Fisheries Sci.*, 62, 760-765 (1996).

31) H. Furuita, T. Takeuchi, T. Watanabe, H. Fujimoto, S. Sekiya, and K. Imaizumi : *Fisheries Sci.*, 62, 372-379 (1996).

# 9. 放流技術と生態

山　下　　洋*

　種苗放流事業は栽培漁業の基幹である．ヒラメは全国規模で種苗放流が進められている唯一の魚種であり，栽培漁業のエースとして事業規模は現在も拡大している．栽培漁業の将来はヒラメの種苗放流事業にかかっているといっても過言ではないかもしれない．

　種苗放流は，種苗生産技術と放流技術の 2 つの主要な技術の展開によって構成される．種苗生産については，疾病などの問題点が残されているものの，技術的な進歩は著しい．一方，放流技術に関しては，有効な技術として科学的に確立されたものは非常に限られている．ヒラメの生理・生態に関する知見はかなり集積されつつあるので，これらを基盤にいかに有効な放流技術を開発し体系化するかが今後の重要な課題となる．そのための基礎として，現在までに研究されてきたヒラメの放流技術について，情報のとりまとめと整理を行った．また，平成 7 年に平成 2 年〜6 年度の水産庁放流技術開発事業総括報告書（3 海域の要約編と資料編合計 6 冊）が印刷されており，本稿においても多くの知見を参考にさせて頂いたが，紙面の都合でどうしても必要な場合以外は引用を省略した．具体的なデータについては総括報告書および年度ごとの報告書を参照頂きたい．

　放流技術の主要な要素としては，種苗性，遺伝的問題，放流場所，放流時期，放流サイズ，放流方法，放流数，資源管理の 8 点があげられる．

## §1. 放流魚の減耗要因
　放流技術開発の最大の目標は，放流から漁獲加入までの放流魚の減耗をできるだけ小さくすることである．魚類の減耗要因としては主に飢餓と被食の 2 つが考えられるが，ヒラメ稚魚の飢餓許容期間は全長 40〜50 mm 台で 5〜15 日程度と推定されており大型個体ほど飢餓耐性が増すことから [1〜3]，全長 40 mm

---
* 水産庁東北区水産研究所

から 100 mm で放流されている種苗が飢餓を直接の原因として死亡することはあまり考えられない. 最近の研究から, 放流魚の減耗の主要因が被食であることがかなりわかってきた[4～8]. 種苗の被食は放流後 1～2 週間後まで高率で発生することから[4, 8] (図 9・1), 放流直後の被食による大量減耗が放流種苗の生き残りと資源加入に直接影響する可能性が強く示唆されている[5, 8]. 捕食者として

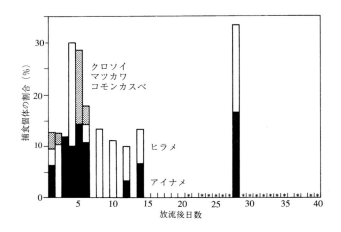

図 9・1 岩手県門の浜湾, 大野湾における, 魚類捕食者によるヒラメ種苗放流後の捕食率 (調査個体中種苗を捕食していた個体の割合). 調査個体総数は捕食が確認された 5 種の 416 個体. 白抜きはヒラメ, 黒抜きはアイナメ, 点は図中 3 種による捕食, ＊印はデータのないことを示す. 放流 28 日後の結果は 6 個体中 2 個体が捕食していたことを示す[4]

は北日本ではヒラメ 1, 2 歳魚やアイナメ[4], 西日本ではヒラメ 1, 2 歳魚やマゴチ[8] が重要であり, この他, 夜間にはカニ類による捕食も重大と考えられている[9]. また, 飢餓は種苗の捕食されやすさを増大するものと考えられる[10]. 捕食者サイズと被食種苗のサイズの関係は捕食魚種によって異なるが, 捕食者がヒラメやアイナメの場合, 天然では捕食者の全長は通常被食者の 3 倍以上であった. 岩手県の沿岸域では放流場周辺に分布する捕食者のほとんどは全長 35 cm 程度までであることから, 種苗が捕食されやすいサイズの上限は全長約 100 mm と推定された[4].

## §2. 放流技術

### 2・1 種苗性

放流種苗は同時に出現する 0 歳の天然ヒラメと比較して，明らかに捕食されやすいことが知られている[4, 8]．種苗が捕食されやすい原因としては，種苗特有の行動パターンが食べられやすさにつながること[6, 11]や，種苗の方が粘液などの分泌量が多いことから捕食者にみつかりやすい可能性[9]などが指摘されている．これらのことから，いかに捕食されにくい種苗を生産するかが重要な課題となる．種苗は天然魚と比べると，摂餌時の離底時間が長い，離底場所から着底場所までの距離が大きい，潜砂行動の発現率が低い，という特徴があり，摂餌の際に捕食される危険性が非常に高い[6, 11, 12]．このような種苗の行動は低密度飼育や天然環境下の中間育成によってかなり改善されることがわかっており[11, 12]，実際に天然環境下で 1 週間程度馴致飼育を行った後放流している機関もある．しかし，天然環境下での中間育成では，餌不足やいけす内への捕食者の侵入などにより生残率が激減する危険性も指摘され，また，施設の維持にかなりの労力を要する場合も多い．今後これらの問題点を考慮した施設の整備が期待される．また，馴致飼育期間とその手間を考えると，その分だけ種苗を大型化した方が効率が高いという意見もある．

### 2・2 遺伝的多様性

種苗生産施設で生産された種苗の遺伝的多様度は天然ヒラメよりも低いことが報告されている[13]．その原因としては，①天然魚の遺伝的変異性が非常に高い[13, 14]，②放流用種苗を親魚に養成して種苗生産を行っている機関が多い，③天然魚を親魚としている場合でも数が不足しており，また親魚の一部しか繁殖に寄与しない，④数か月間の産卵期のうちの 2〜4 日程度の間に産卵された卵のみを用いて種苗生産を行う機関が多い，などが考えられる．遺伝的な多様性がどの程度まで減少すると資源に悪影響が出るかが全くわかっていないことから，現状では遺伝的多様性維持のための具体的なガイドラインを設定することは難しい．しかし，放流用種苗の遺伝的な多様性を高める努力は必要であり，少なくとも種苗生産用親魚には地先で採集された天然魚を用いることが望ましい．そのうえで，できるだけ多くの産卵日の卵を使う，親魚数を増やし毎年その一部を入れ替える，雌のヒラメ親魚は盛期にはほぼ毎日産卵していることか

ら[15] 卵質と受精率を上げる努力をする，などが効果的と考えられる．また，人工受精を用いれば，種苗の遺伝的な管理が可能になるであろう．わが国には40を越える種苗生産施設があること，年ごとに種苗の遺伝的組成は異なることを考慮すると，わが国全体としてみれば，これらの努力を通して比較的高い遺伝的多様性が実現されるのではないかと考えられる．

### 2・3 放流場所

天然では，ヒラメ幼稚魚は主に砂質の海底に分布することが知られている．反田[16] や Tanda [17] の飼育実験によると，幼稚魚の潜砂能力は成長に伴って増大し，それとともに潜砂可能な底砂の粒径範囲も広がる．また，幼稚魚は潜砂しやすい底質を選択して分布した．これらの結果をもとに，反田[16] は全長50 mm から100 mm の種苗では，中央粒径が0.1 mm から1.0 mm までの底質が放流場所として好適であると考察した．

天然のヒラメは着底前後からアミ類の幼生を摂餌し，海域により異なるが全長50 mm から100 mm 前後までアミ類を主食とする（図9・2）．また，本種は着底直後（全長約15 mm）から小型の仔魚を捕食する能力をもっており，仔稚魚が豊富な海域では全長30 mm 前後から魚食傾向が強まるが，多くの場合，全長50 mm を越えてから主食の魚食性への転換が起こる．一般に，閉鎖的な内湾にはアミ類が少なく仔稚魚が多い．逆に，開放的な外海性の海岸には反対の傾向があるので，魚食性への転換は閉鎖的な海域で早く開放的な海域で遅い傾向が認められる[18, 19]（図9・2）．河口域が本種の成育場として適していることが指摘されるが，それを実証した研究例はほとんどない．河口域では春から夏にかけて仔稚魚が豊富であり[20, 21]，さらに河口域を中心に分布する*Neomysis japonica* などの汽水性のアミ類が大量に発生した場合に，ヒラメの最適な成育場が形成されることが考えられる．しかし，着底前後から全長40 mm までのヒラメは体長5 mm 以下の餌生物を必要とする[19, 22]．このサイズの餌生物としては仔魚と比較してアミ類の方が圧倒的に生物量が多いことから，通常はアミ類が豊富なことがヒラメの初期の成育場の条件として必須である．

一方，ヒラメ種苗は一般に全長40 mm 以上で放流されるために，放流魚は魚類の仔稚魚が豊富な海域であれば必ずしもアミ類を必要としない．本来ヒラメがあまり好まないと考えられている砂泥・泥質の海底であっても，種苗は放

流直後からその海域に大量に分布するハゼ類などの仔稚魚を摂餌して，高い成長率と生残率を示した例が東京湾において報告されており注目される[23, 24]．

これまでに，多くの海域で種苗放流後の再捕調査により種苗の摂餌状態が調査されている．これによると種苗の摂餌率（調査個体中の摂餌個体の割合）は，一般には放流後1週間程度で70〜80％に達する例が多いが，放流当日や翌日にはほぼ100％近くになる海域から，放流後長期間にわたって低率で経過する海域まであり，摂餌率は放流場の餌生物環境を示す有効な指標となる．

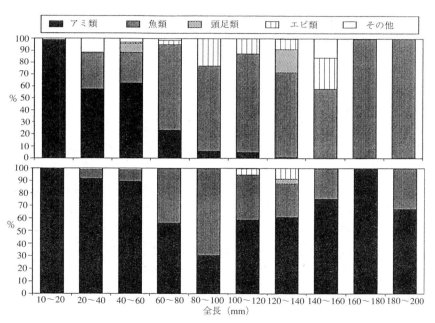

図9・2 岩手県沿岸におけるヒラメ幼稚魚の発育に伴う食性の変化．縦軸は重量（％）．上図は閉鎖性の内湾域，下図は開放性の外海域を示す[19]

すでに述べたように，種苗の主要な減耗要因は被食と考えられている．北日本では岩礁域にアイナメ類が多数生息しており，また，全国的に最も主要な捕食者である1，2歳のヒラメは砂浜と岩礁が接している水域に集まる傾向がある[8]．被食減耗を減らすためには，捕食者の分布の特徴を把握しておくことが重要である．

## 2・4 放流時期

アミ類の出現量には著しい季節変化が認められる [25, 26]．鳥取県の中部沿岸ではアミ類の分布量は4，5月に多く6月に急減するために，6月以降に放流した種苗の摂餌率は長期間低迷する [6, 27]．さらに，6月になると捕食者である1歳以上のヒラメとマゴチの分布量が放流場周辺で急増するために，種苗は飢餓によって逃避能力が低下したところを捕食されて大量に減耗している実態が明らかにされた [6, 8, 27]．鳥取県ではこの結果を受けて，1993年以降6月放流を5月放流に切り替えたところ，放流サイズが若干小型化したにも係わらず，それ以前の2倍から3倍の回収率（漁獲回収数／放流数）が得られている（古田，私信）．

種苗は放流海域の天然ヒラメ0歳魚よりも大型で放流される場合が多く，放流魚が天然魚を捕食する心配があるが，これまでに行われた放流魚の胃内容物調査では，天然ヒラメの被食例はほとんどみられていない．天然魚は放流魚よりも行動が敏捷であると考えられ，おそらく全長差が2倍以内であれば食害の心配はなく，3倍までであれば重大な食害は起こらないと考えられる．放流時期を決めるもう一つの重要な要因として，成長速度の季節変化がある．ヒラメは水温の高い晩春から初冬に急激に成長し，特に北日本では水温の低い冬季にはほとんど成長しない [5, 28, 29]．したがって，成長の観点からは，高成長が見込まれる期間のできるだけ早い時期に放流することが望ましい．

## 2・5 放流サイズ

放流サイズは種苗生産計画や経費と直接に関係することから，これまで高い関心が寄せられてきた．放流サイズと生き残りとの関係を，ソリネットなどを用いた放流後の再捕調査によって調べた例は多い．しかし，小型の漁具による採集では，大型個体ほど，また健康な個体ほど捕獲しにくい可能性があり，このような小型の漁具による再捕調査結果を用いて，放流サイズと生残の関係を分析することは難しい．放流実験の結果については，漁獲性能の高い漁具による調査や漁獲加入後の市場調査により研究を行うことが望ましい．

岩手県南部沿岸域において放流種苗のサイズと漁獲加入までの生残との関係を詳細に調べた Yamashita *et al.* [5] の研究では，放流時の全長40〜150 mm の範囲では100 mm 台で生き残りが最もよいことがわかった．放流サイズと回収率との関係については，いくつかの機関がそれぞれ断片的に調査を行っている

（放流技術開発事業総括報告書に詳しい）．標識脱落率や市場調査率などの補正が行われ，また最低 2 歳魚まで回収調査が行われた例について，両者の関係を図 9・3 にまとめた．一般に放流サイズが大きいほど回収率も高い傾向があるが，全長 150 mm を超えるサイズでの事業規模の放流は現実的ではないので，現状での回収率の最大値は 30％台と考えられる．しかし，図中にもみられるように，大型化すれば必ず高い回収率が得られるとは限らず，また，地域の環境特性によって放流サイズと回収率の関係は大きく異なると考えられる．放流事業の効果は，最終的には回収率よりも事業効率や経済効果によって評価する必要があるので，小型種苗の

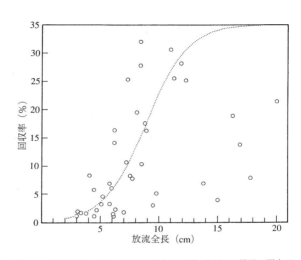

図9・3 放流時全長（L）と回収率（R）の関係，全国 10 機関の調査データを用いた．点線は $R=35/(1+\exp(4.950-0.0560L))$ を示す．

大量放流の方が効率的な場合もあり得る[30, 31]．図 9・3 において，比較的成功していると考えられる例について最大値を 35％と仮定してロジスチック曲線に当てはめてみると，全長 60 mm から 110 mm の間で放流全長の増加に対する回収率の増加の割合が大きい結果が得られた．

　実際の事業における放流サイズは様々な放流実験や調査結果をもとに機関ごとに決められているが，北日本で大きく西日本で小さい傾向が明瞭であり，太平洋北区（茨城県から北海道）のほとんどの県では全長 80～100 mm であるのに対して，西日本では多くの県が 40～70 mm である．この理由としては北日本にはアイナメなどの大型の捕食者が多いことや，水温の低い北日本では成長速度が西日本に比べて低いために，被食を回避できるサイズに達するまでにより多くの時間がかかることなどが考えられる．

## 2・6 放流方法と放流数

放流時にはできるだけ魚体を傷つけないよう，またパニックを起こさないように自然に放流する工夫が必要であり，ホースを用いたサイホン方式などが用いられている．筆者が水中で観察した限りでは，水深 10 m 以浅で全長 50 mm 以上であれば，船から水面にたも網などで丁寧に放流した場合でも，種苗は速やかに海底に移動し，異常な行動は認められなかった．しかし，放流場所の水深が深い場合には，潜行途中の種苗にパニック行動が認められており，放流器に種苗を移し海底まで降ろしてから放流した方がよい[32]．

集中放流か，分散放流かは重要な問題である．種苗の主要な減耗要因が被食であるとすれば，捕食者はどこにでも比較的一定のレベルで分布していると考えることができるので，種苗の被食量は放流場周辺に分布している捕食者の量に見合った量となる．すなわち多数個所に分散放流することは被食量が放流個所倍になることを意味する．このような視点から，環境収容力の範囲内であれば，集中放流の方が効率的であるということができる．福島県では県の中央部の 1 か所に 20〜40 万尾（全長 80〜100 mm）を集中放流しているにも係わらず，種苗の摂餌状況や成長は良好であり，高い回収率が報告されている[31]．放流場の環境収容力の把握は非常に難しい課題であるが，前述の放流魚の摂餌率のモニタリングなどによりある程度の推定は可能と考えられる．

## 2・7 放流後の管理

放流魚の不合理漁獲の実態を把握するのはかなり難しいが，不合理漁獲が予想される地域では，不合理漁獲から種苗を守るための方策が必要である．特にヒラメ幼稚魚が分布する春から初冬の水深 30 m 以浅で小型底曳網などの操業が許可されている海域では，禁漁区あるいは禁漁期を設ける必要がある．近年，資源管理型漁業推進の一環として，全長 25 cm〜35 cm 以下のヒラメの漁獲禁止・再放流が各地で進められており，これらの取り組みの効果が期待される．

放流種苗および天然魚の両方を含めたヒラメ幼稚魚の保護・育成のために，人工的なヒラメの培養礁の設置が研究されている．しかし，成育場となるごく浅海域にこのような礁を設置することは難しいために，対象は 15 m 以深の海域となっている．実験的に浅海に設置された礁へ蝟集するアミ類は *Paracanthomysis hispida* や *Siriella* spp. などであり，生物量も少なくほとんどヒ

ラメに摂餌されない種類であることから，人工礁のアミ類に対する蝟集効果については否定的な結果しか得られていない．一方，魚類については，カタクチイワシやマアジの幼稚魚の試験礁への蝟集が確認されており，設置水深や蝟集する魚類の種類と大きさからみて，これらの礁は幼魚から未成魚期のヒラメの培養に有効な可能性が示唆された[33, 34]．

## §3. 放流効果の推定

　放流効果の代表的な目安とされているのが回収率である．回収率がわかるとサイズ（銘柄）組成から漁獲金額を推定し，それを種苗生産経費と対比することにより事業効率や経済効果を知ることができる．これまでに報告されている回収率は数％から 30 数％まで県や地域によって大きく異なる．一方，回収率には回収されたヒラメのサイズの情報が入っていないので，現状では回収率だけで放流事業の効果を判断することはできない．例えば，0 歳魚が大量に漁獲されれば回収率は増大するが，漁獲金額の増大にはつながらない．30 cm 未満魚の漁獲規制後，回収率は規制前の値をかなり下回ったが，漁獲金額は逆に増加した例も報告されている[35]．資源管理型漁業の浸透により多くの地域で水揚げサイズの規制が実施されるようになれば，回収率はより実用的な指標となるかもしれない．しかし，放流場の環境は地域によって大きく異なり，回収率だけで事業の成功度を判定することは誤りである．回収率だけが一人歩きすることにより，放流事業にとって様々な弊害が発生する可能性も考えられる．むしろ回収率の変化を放流技術の導入と対応させながら分析し，地域に適した放流方法を検討することが重要である．

　世界の人口は 57 億人を越え年率 1.7〜2.1％で増加している．また，中国やインドなど膨大な人口を擁する国の食生活が工業化によって豊かになり食物段階が上がることにより，世界的な食糧不足が近未来の現実的な問題となりつつある．地球上の資源が限られているなかで，天然の生産力を有効利用する栽培漁業は食糧増産のための手法として世界的に注目され始めている．冒頭でも述べたが，ヒラメは栽培漁業のエースであり，ヒラメの栽培漁業を成功させることの意義は非常に大きい．

# 文　献

1 ) 反田　實：水産増殖, **37**, 259-265 (1989).

2 ) 山田浩且・津本欣吾・藤田弘一：栽培技研, **17**, 129-133 (1989).

3 ) 田中　克：水産土木, **24**, 33-44 (1988).

4 ) 山下　洋・山本和稔・長洞幸夫・五十嵐和昭・石川　豊・佐久間　修・山田秀秋・中本宣典：水産増殖, **41**, 497-505 (1993).

5 ) Y. Yamashita, S. Nagahora, H. Yamada, and D. Kitagawa : *Mar. Ecol. Prog. Ser.*, **105**, 269-276 (1994).

6 ) S. Furuta : Survival Strategies in Early Life Stages of Marine Resources ( Y. Watanabe *et al.* eds.), A. A. Balkema, Rotterdam, 1996, pp. 285-294.

7 ) 古田晋平・渡部俊明・山田英明・西田輝己・宮永貴幸：日水誌, (投稿中).

8 ) 古田晋平・渡部俊明・山田英明：日水誌, (投稿中).

9 ) 古田晋平：日本海ブロック試験研究集録, **30**, 43-51 (1994).

10) 古田晋平：平成 6 年度健苗育成委託事業報告書, 水産庁研究課, 1995, pp.117-128.

11) 古田晋平：放流魚の健苗性と育成技術（北島　力編）, 恒星社厚生閣, 1993, pp.94-101.

12) 古田晋平：栽培技研, **19**, 117-125 (1991).

13) 朝日田　卓・山下　洋・小林敬典：日水誌, (投稿中).

14) T. Fujii and M. Nishida : *Fish. Science*, submitted.

15) 平野ルミ・山本栄一：鳥取水試報告, **33**, 18-28 (1992).

16) 反田　実：水産増殖, **36**, 21-25 (1988).

17) M. Tanda : *Nippon Suisan Gakkaishi*, **56**, 1543-1548 (1990).

18) 平成 2〜6 年度放流技術開発事業総括報告書要約編, 瀬戸内・九州海域ブロックヒラメ班, 1995, 69pp.

19) 山田秀秋・山下　洋・北川大二：日水誌, (投稿中).

20) Y. Yamashita and T. Aoyama : *Bull. Japan. Soc. Sci. Fish.*, **50**, 189-198 (1984).

21) 森　慶一郎：中央水研研報, **7**, 277-388 (1995).

22) 広田祐一・奥石裕一・長沼典子：日水誌, **56**, 201-206 (1990).

23) 神奈川県：平成 2〜6 年度放流技術開発事業総括報告書資料編, 太平洋ブロックヒラメ班, 1995, pp. 神 1-30.

24) 中村良成：水産海洋研究, **60**, 271-275 (1996).

25) 広田祐一・野口昌之・奥石裕一：マリーンランチング計画, ヒラメ・カレイブログレスレポート, **3**, 203-215 (1988).

26) 山田秀秋・長洞左千夫・佐藤啓一・武蔵達也・藤田恒雄・二平　章・影山佳之・熊谷厚志・北川大二・広田祐一・山下　洋：東北水研研報, **56**, 57-67 (1994).

27) 古田晋平・渡部俊明・山田英明・宮永貴幸：日水誌, (投稿中).

28) 二平　章・高瀬英臣, 別井一栄, 石川弘毅：茨城水試研報, **26**, 137-159 (1988).

29) 富永　修・馬渕正裕・石黒　等：水産増殖, **42**, 593-600 (1994).

30) 二平　章・川野辺　誠・星野　悟：茨城水試研報, **30**, 65-70 (1992).

31) 藤田恒雄・水野拓治・根本芳春：栽培技研, **22**, 67-73 (1993).

32) 鳥取県：平成 2〜6 年度放流技術開発事業総括報告書資料編, 日本海ブロックヒラメ班, 1995, pp. 鳥 1-42.

33) 山田秀秋・山下　洋：平成 7 年度沿岸漁場整備開発事業に関する水産庁研究所研究報告書, (印刷中).

34) 木元克則・日向野純也・足立久美子・高木儀昌・新井健次・寺島裕晃・横山禎人・中畑敬章：水工研技報, **18**, 45-57 (1996).

35) 福島県：平成 2〜6 年度放流技術開発事業総括報告書資料編, 太平洋ブロックヒラメ班, 1995, pp.1-29.

# 10. 栽培漁業の今後の展望

古　澤　　徹 *

　現在，日本では，全国で約 90 種の魚介類を対象として親魚養成，種苗生産，中間育成，放流などの栽培漁業に関する技術開発が行われており，その一部の対象種については既に事業化段階に入っている．この中でも，ヒラメの栽培漁業は，現在漁業者が最も大きな期待を寄せているものといっても過言ではない．

　本章では，これらのヒラメに関する基礎的な研究成果を基に，現在展開されている栽培漁業に関する技術と実施体制の現状について述べる．また，今後ヒラメ栽培漁業を経済的にも確固たるものにするために，どのような課題や問題があるのか，それらを解決するために必要な基礎的な研究についても触れることとする．

## §1. 栽培漁業の現状と問題点

　魚類で最も早く栽培漁業対象種として取り上げられたのはマダイである．これには，1963 年の山下 [1] によるマダイの養殖の基礎研究が嚆矢となった．ヒラメについては，これから数年遅れた 1965 年に近畿大学水産研究所 [2] で初めて種苗生産に成功したことを機に，1970 年頃から国の助成を受けて，都道府県の水産試験場が中心となって種苗量産化の技術開発が進められた．これらの種苗量産の技術を背景に，1980 年から都道府県で放流技術開発が展開され，1990 年代後半には一部の地域では放流効果が実証されるようになった．1990 年代には漁業者を取り込んだ放流事業の展開が試みられ，漁業者がヒラメ水揚げ金額の 4〜5％を放流経費として拠出する例もみられるようになった．

　1977 年には種苗生産・放流の統計が整備され，主な栽培漁業対象種の 1977 〜1992 年までの種苗生産・放流量の動向が明らかにされている [3]．1977 年には全国の放流用のヒラメの種苗生産量は 315 千尾にすぎなかった．その年には，マダイは既にヒラメの 20 倍を超える 7,615 千尾にも達しており，魚類の栽培

---

　＊　（社）日本栽培漁業協会

漁業におけるマダイの取り組みの早さと，種苗生産技術の水準をうかがい知ることができる．ヒラメの種苗生産量はその後急速に伸びて 1980 年には 3,000 千尾台に達し，1994 年にはマダイの 26,650 千尾を超えて 27,489 千尾となった．ヒラメの種苗生産量の増加に伴い放流量も 1994 年には 21,187 千尾となり，マダイの 21,309 千尾にほぼ追いつき，種苗生産量並びに放流量とも魚類では最も多くなった．

### 1・1 種苗育成技術

ヒラメの種苗生産と中間育成技術が比較的短期間に進展できたのは，マダイで開発された餌料系列，飼育管理などの飼育技術がヒラメに応用されたことが大きな要因と考えられる．また，種苗生産を計画的に実施するために不可欠な大量採卵技術は，ヒラメでは長日処理により産卵の早期化と 6 か月以上にわた

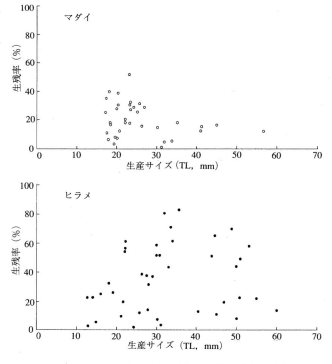

図 10・1 ヒラメとマダイの生産サイズと生存率の関係
(1995 年度西日本関係種苗生産機関連絡協議会魚類分科会資料より作図)

る長期採卵が可能となっており[4]，水温の調整も加えればほぼ周年にわたって大量採卵が可能となっている．

現状における種苗生産技術を評価するため，1995年度の西日本関係種苗生産機関連絡協議会の魚類分科会の資料から，ヒラメとマダイの種苗生産サイズと生残率，単位生産量との関係を図10・1, 10・2に示した．ヒラメの種苗生産サイズは平均全長30 mmにモードがみられ，生残率が高いものでは60〜80%となっている．これに対して，マダイでは種苗生産サイズは20〜25 mmにモードがあり，20〜50%の生残率にとどまっている．また，単位生産量では，ヒラメおよびマダイも高いもので約8,000尾/m³に達しており，両者で大きな差異はみられない．これらの資料を通じて現状のヒラメとマダイで種苗生産技術レベルを比較すると，ヒラメの方が多少優っているといえる．

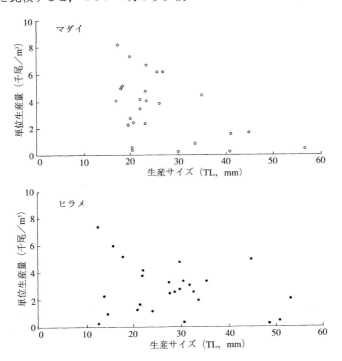

図10・2 ヒラメとマダイの生産サイズと生存率の関係
(1995年度西日本関係種苗生産機関連絡協議会魚類分科会資料より作図)

経済効果に直接影響を与える放流種苗の経費についてみると，全長 30 mm
サイズの種苗生産のコストは，日本栽培漁業協会宮古事業場の試算では高い生
残率と単位生産量に支えられて約 8 円となっている．これを大幅に削減するこ
とは難しいであろうし，削減できたとしても経済効果に与える影響は比較的少
ないものと考えられる．一方，中間育成では，全長 100 mm サイズまでの育成
経費は 70～100 円 / 尾といわれており，中間育成コストの削減の可能性はまだ
あると考えられる．最近，ヒラメの種苗生産や中間育成において，ウイルス病
が発生して時に大きな被害を引き起こしている．生産コストの低減化に影響を
与えるのにとどまらず，放流事業そのものに支障をきすことが危惧され，その
対策が急がれている．

### 1・2　種苗放流の効果

ヒラメの放流効果調査の事例はいくつかみられる．福島県では 1987～1990
年の間に平均全長 7～10 cm 種苗を毎年 25～39 万尾放流してきた．市場調査
により回収率を推定した結果，回収率は 16.3～30.9％を得ている．その回収金
額は 8,000～10,000 万円で，種苗費は 2,000～3,000 万円程度であることから，
このヒラメ種苗放流による利益は 5,000～8,000 万円と見積られており，その
経済的な効果もある [5] としている．日本栽培漁業協会宮古事業場では，岩手県
の宮古湾においてヒラメ種苗放流効果調査を行っている．ここでは宮古湾で漁
獲された全てのヒラメが一つの魚市場に水揚げされるという特殊な条件を有し
ている．専属の調査員を設置し，漁獲された全てのヒラメについて年齢別に標
識魚の有無を調査して，推定値ではなく実数値で放流効果を評価した．1989
年に 7～11 cm の種苗 6.9 万尾を放流した例では，3 歳魚までの回収率で
23.3％の値を得ており，回収金額は放流種苗費の 2.1 倍に達している [6]．この
ように，ヒラメの場合には，回収率が 20％程度得られるならば，種苗放流事
業は経済的にも成り立つといえそうである．

全国各地で，放流効果の推定を目的とした市場調査が行われており，放流効
果が試算されている事例が増えつつある．これに統計学的な立場から検討を加
え，調査精度を高め，効率的な調査を可能とする，種苗放流効果の推定方法 [7]
が開発され，放流効果調査計画の立案並びにその評価が適切に行えるようにな
った．

## 1・3　ヒラメ栽培漁業の実施状況

　沿岸漁場整備開発法の「水産動物の種苗の生産及び放流並びに水産動物の育成に関する基本方針（基本計画）」に基づいて，全国における栽培漁業を推進するための基本方針並びに計画が 6 か年ごとに立てられている．沿海都道府県が立てた第三期基本計画（1994～1999 年）を見ると，ヒラメとマダイについて，漁獲統計上漁獲があり，かつ県で種苗放流計画を策定している県は，ヒラメでは 38 県のうち 34 県で 89.5％，マダイでは 36 県のうち 23 県で 63.9％となっており，ヒラメの種苗放流が全国的な規模で進んでいることがわかる．また，第三期基本計画の最終年度である 1999 年の開発水準をみると，漁業者負担による栽培漁業が経済的に成立する事業実施期としている D ランクは，ヒラメでは 34 県のうち 18 県の 52.9％，マダイでは 23 県のうち 15 県の 65.2％である．本基本計画期間中に両者とも事業化に向けて着実に進められているといえる．中でも，太平洋北区（北海道～茨城県）と東シナ海区のヒラメとマダイ（漁獲がない太平洋北区を除く）はそれぞれ 5 県とも D ランクとなっており，他の海区に比べて事業化への取り組みが進んでいることを示している．

　現在行われている種苗放流がどの程度漁獲量に影響を与える可能性があるものかをみるために，1993 年における推定漁獲量尾数に対する放流尾数の倍率（放流強度指数）をみると，マダイは 0.73 であるのに対して，ヒラメは 1.50 と約 2 倍の値となる[8]．ヒラメではマダイに比べて資源量にかなりインパクトを与える放流が全国的な規模で展開されていることが窺える．また，種苗放流を実施している都道府県では漁業者による漁獲サイズの自主規制が行われている．ヒラメの自主規制を実施している県は 73.5％で，マダイの 91.3％よりまだ低いが，規制サイズではヒラメが全長 20～35 cm（体重換算値 68～427 g）であるのに対して，マダイの全長 13～20 cm（体重換算値 43～65 g）に比べるとかなり大きく，漁業者のヒラメ栽培漁業にかける意気込みの一端をうかがい知ることができる．

## 1・4　栽培漁業の事業としての展開方法

　全国的に見てヒラメの栽培漁業の事業化が進んでいる太平洋北区と東シナ海区の種苗放流の実施状況を放流体制別に取りまとめて表 10・1 に示した．1995 年の太平洋北区の放流量は全国で最も多く 4,874 千尾が放流されている．また，

表 10・1　太平洋北区と東シナ海区におけるヒラメの放流体制別の放流状況

| 海区 | 国 | 都道府県*¹ | 市町村 | 漁協 | その他 *² | 合計 |
|---|---|---|---|---|---|---|
| 太平洋北区 | | | | | | |
| 放流尾数（×10³） | 80 | 3,953 | 76 | 499 | 266 | 4,874 |
| 比率（%） | (1.6) | (81.1) | (1.6) | (10.2) | (5.5) | (100) |
| 東シナ海区 | | | | | | |
| 放流尾数（×10³） | 0 | 825 | 261 | 1,114 | 861 | 3,061 |
| 比率（%） | (0) | (27.0) | (8.5) | (36.4) | (28.1) | (100) |

*¹　公益法人を含む　*²　地域の水産振興協議会等

中間育成・放流の事業主体は県（水産試験場・栽培漁業センターと公益法人）が多く，全体の81.1％を占めており，漁業協同組合（以下漁協と称す）が事業主体となっているのはわずか10.2％である．太平洋北区では，中間育成および放流事業は公益法人が事業主体となって展開する方式がとられており，当該海区に属する関係県では今後もその方向で事業化が進められる計画となっている．すなわち，中間育成および放流事業は漁業者が直接手がけるのではなく，漁業者が基金づくりに参画するとともに，運営費の一部を水揚げ金額から負担するなどによって，公益法人に種苗生産，中間育成並びに放流などの事業の運営を委ねる方法を採用しているところに大きな特徴がある．

　東シナ海区では放流量は 3,061 千尾で，事業主体が県となっている割合は26.7％に過ぎず，漁協とその他（栽培漁業協議会など）が64.5％と大半を占めている．太平洋北区とは異なり，東シナ海区では事業主体が県から漁協などに下りており，受益者による放流事業が進展していることを示している．ここでは，漁協（漁業者）などが中間育成および放流事業を直接実施しており，太平洋北区の進め方とは異なるが，この方式は国がこれまで進めてきた栽培漁業の基本的なスタイルである．

　海区ブロック別に放流事業の実施方法をみた場合，このように明瞭な特色が現れているが，両海区ブロックとも実際の事業はブロックを構成する都道府県が独立して事業を実施しており，県間で相互に情報交換などが行われているものの，事業そのものについてはブロック単位で実施されているわけではない．ヒラメの県間移動を考慮すると，この点については今後の課題と考えられる．今後の栽培漁業を展開するうえで，いずれの方式がより有効で，効率的に事業化が図れるのか，対象生物の生態や漁業実態のみならず，社会的な側面からの

分析も必要であり，もう少し経験を積み重ねたうえで評価すべきであろう．

## §2. 解決すべき課題とそれに必要な基礎的な研究

ヒラメの種苗放流事業は，栽培漁業対象種の中で全国的な展開をみせている代表的なものであり，漁業者からの期待も大きいものがある．したがって，ヒラメは栽培漁業のモデルとして取り上げる価値があるものと考えられる．しかし，ヒラメの栽培漁業が今後も安定かつ経済的側面からも確固たる基盤の上に成立する事業として作り上げるためにはまだ多くの課題や問題点がある．これらを解決するには，技術開発のみならず，基礎的な研究が必要な課題も多い．以下に，今後解決すべき課題を取り上げるとともに，それらに必要な基礎的な研究についても触れることとする．

### 2・1 人工種苗の遺伝的多様性を保持するための親魚養成並びに採卵手法の検討

谷口[9] は，人工種苗の放流が野生集団に及ぼす遺伝的影響を最小限にするための具体的な方法を提言している．放流種苗の遺伝的多様性を保つための採卵手法として当面考えられる方法としては，採卵用の親魚にできる限り多くの天然魚を使用すること，産卵に供する親魚数を増やすこと，1回の産卵に多くの親魚を寄与させることであろう．これまでの親魚養成・採卵手法の開発では，天然魚を用いた人工受精による採卵手法から養成親魚による自然産卵手法を目指す方向で進められてきた．しかし，遺伝的多様性を保持することに目を向けるとなれば，自然産卵手法では大量の雌雄親魚の養成のみならず，数多くの雌雄親魚を1回の産卵に関与させなければならないという極めて困難な課題を解決しなければならない．一方，人工受精法では，任意の数の雌雄を採卵に関与させられるという特徴を有することから，遺伝的多様性を保持するための採卵手法として利用価値があるものと考えられる．魚種によって異なる産卵生態や成熟機構の特性に配慮した人工受精法の開発も必要となろう．

### 2・2 種苗生産に大きな支障をきしているウイルス性疾病防除対策

疾病の防除対策としてまず第一に考えなければならないことは，好適な環境条件下で健康な魚を飼育することにあるといわれており，種苗生産技術もこれを目指して開発が行われている．しかし種苗生産には，大量の種苗を低コスト

で生産し，しかも，これを好適な環境条件下で飼育しなければならないという相矛盾する面を包含するため，これらを同時に解決して健康な魚を効率的に生産することは容易なことではない．健康な魚とはいかなる状態のものを指すのか，健康度をいかなる尺度で評価するのかなどに関する研究が十分進んでいないことも，この問題の解決を難しくしている．

　ウイルス性疾病の防除技術を開発するためには，その基礎となるウイルスの同定および核酸・タンパク性状などを解明するとともに，原因ウイルスの検査手法として，ウイルスの細胞培養方法，免疫学的方法，遺伝学的方法に関する研究開発が必要である．これらの検査手法を用いてウイルスの感染環が解明されると本格的な防除対策の検討が可能となる．感染環のそれぞれの段階におけるウイルスが増殖する組織やその存在部位を解明することも重要である．特に，卵におけるウイルスの存在状態が解明されるなら，垂直感染の場合の感染経路を絶つ方法として最も有効と考えられる卵洗浄方法の開発に大きく貢献することとなろう．

　海産魚のウイルス性疾病は親魚からの垂直感染が主体と考えられることから，病原菌を保有していない，所謂ウイルスフリーの親魚の作出が切望されているが，これを実現するのはかなり困難であると考える．最も可能性のあるものとして，親魚の体内でウイルスの増殖を抑制することをねらったワクチン技術の開発が現実的で重要な対応策といえよう．このためには，感染防御抗原やワクチン製作に関する基礎的な研究が必要となる．

　これまでの種苗生産機関では，効率的な生産体制を作り上げるという面から，親魚養成から種苗生産・中間育成まで一貫したシステムの開発を目指してきた．このため，同じ敷地内で親魚養成と仔稚魚を飼育する施設を共存させているが，このような種苗生産システム自体を見直すことも必要となろう．

### 2・3　経済的な放流事業を成立させるための放流種苗のコストの軽減対策

　放流したヒラメの無眼側体色異常魚の価格が全国的にみて，正常魚より低価格に設定されている．このため，期待していた経済的効果に比べて現実に得られる経済効果が低くなっていること，また，ヒラメの水揚げ金額の一部負担による事業の資金源が減少するという大きな問題が起こっており，ヒラメの放流事業の運営に大きな支障をきたすまでに至っている．これらのことから，関係

県並びに漁業者から，無眼側体色異常魚の防除対策に対する強い要望がある．しかし，無眼側の体色異常防除対策は，有眼側のそれに比べて研究が遅れている．無眼側の体色発現機構解明に関する研究が必要であるが，急いで何らかの対策を講じなければならないことから，当面は，価格に影響を及ぼさない程度の無眼側体色正常魚をつくることを目指した技術を開発することが現実的な対応となろう．

　ヒラメのみならず，種苗放流事業の経済的な効果を上げるために必要な課題として，放流種苗にかかわる経費の低減化，放流種苗の小型化や放流した種苗の添加効率の向上などが考えられる．放流種苗にかかわる経費の低減化には，種苗生産段階ではかなりコストの削減が図られていることから，中間育成経費の削減に重点をおく必要があろう．また，太平洋北区で実際に行われているように，種苗生産および中間育成を一カ所で集中的に行うのも有効な手段の一つと考えられる．一方，放流種苗のサイズを小型化することも有効である．平均全長 60 mm，85 mm，95 mm の種苗を放流して，1 歳魚の再捕率の差でみると，60 mm を基準とすれば，85 mm 群は 2.0 倍，95 mm 群は 2.9 倍となり，種苗性の付与などを行わない条件下では，添加効率の点では大型サイズの放流が有効であるとしている*．したがって，大型種苗の添加効率を高めるためには，放流海域における餌生物や食害生物の種類や現存量と添加効率の関係を的確に把握し，放流時期を決定する基準を作る必要があろう．

　種苗放流を経済事業として成立させるためには，漁業経費を含めて下記の関係式を満足させなければならない．このためには魚価が高いことが重要な要素となるほか，右辺の放流種苗にかかる経費をできるかぎり軽減するとともに，左辺の放流魚の水揚げ金額を増やすため，漁業者自らが放流魚に対する漁業管理を十分行って，経済価値を高めるほか，活魚で出荷するなどの工夫を加えて付加価値を高めるなどの努力が必要となろう．

　放流魚の水揚げ金額−漁業経費≧種苗生産費＋中間育成費＋種苗放流費

## 2・4　放流種苗に必要なガイドライン作り

　放流した種苗が天然魚と交雑することにより，天然資源の遺伝的多様性に影響を与えるとの懸念や特定の種類の大量の種苗放流が放流海域の生態系に悪影

---

・岩本明雄：平成 8 年度日本水産学会春季大会講演要旨

響を及ぼす可能性があるとの指摘がある．これに対しては，これらの影響を正しく把握するための調査方法の開発が求められ，科学的な根拠に基づいた調査が必要となろう．また，ウイルス病耐過種苗が環境に与える影響については，飼育されている仔稚魚から親魚の体内外における病原ウイルスの動態・消長を明らかにするとともに，併せて天然魚のウイルス感染率を調査し，ウイルス病耐過種苗の取り扱い方法に対する考え方を構築する必要があろう．現実には，全国の多くの地先海域で種苗放流試験や種苗放流事業が実施されていることから考えると，種苗放流によるこれらの懸念される影響を把握するためのモニタリング手法の開発が急がれる．

## 2・5 種苗放流事業の今後の体制作り

ヒラメの栽培漁業は，県が自ら実施するあるいは県が主導して進められていることから，県内完結型の一代回収型の放流事業となっている．しかし，放流したヒラメは成長に伴い，沖合いに移動するとともに，その一部は，隣接する県間で交流があることが知られている．ある県に放流したヒラメはその県の漁業者がその全てを回収することにはならない．したがって，今後は，成長に伴って県間を移動する放流魚の生態特性に基づいた広域にわたる栽培漁業の事業化を検討することも必要となろう．これらの広域にわたる種苗放流事業を検討するためには，まず，ヒラメの地域群別の幼稚魚から成魚までの分布や産卵場を明らかにしておくことが重要である．その上にたって，想定されている海域あるいは隣接県における回収量の調査や放流資源の利用実態を把握するとともに，3〜4歳魚以上の高齢魚の回収率を低くしている要因を解明する必要がある．

## 文　献

1）山下金義：水産増殖，11，189-210（1963）．

2）原田輝雄・楳田　晋・村田　修・熊井英水・水野兼八郎：近大研報，1，289-303（1966）．

3）小畑泰雄：栽培資源調査検討資料，No11，日栽協，東京，1995，7pp．

4）伊島時郎・阿部登志勝・平川諒三郎・鳥島嘉明：栽培技研，15，57-62（1986）．

5）藤田恒雄・水野拓治・根本芳春：栽培技研，22，67-73（1993）．

6）津崎龍雄：平成5年度日本栽培漁業協会事業年報．日本栽培漁業協会，1993，pp.262-266．

7）北田修一・岸野洋久・多賀保志：日水誌，59，67-73（1993）．

8）北田修一：栽培漁業の資源論，日本栽培漁業協会，1996，pp.112．

9）谷口順彦：栽培漁業－課題と展望，海洋，出版，1994，pp.501-504．

# ま と め －研究展開の方向 *

## 田 中　克 [*1]・南　卓 志 [*2]・輿 石 裕 一 [*3]

　ヒラメの生物学的研究はこれまでに広範囲の分野にわたって行われてきた.
が，それらの研究成果は，種苗生産技術の開発や栽培漁業の調査研究によると
ころが大きく，1960 年代後半からの四半世紀の間に生物学的知見が急速に蓄
積されたといえる．特に，1965 年に初めて孵化から変態完了までの飼育が成
功 [1] して以来，発育初期における形態や生理・生態に関する研究の発展はめざ
ましく，世界の異体類研究の中でも最も注目を集めている．このような研究の
進展には，農林水産省により実施されたいくつかのプロジェクトの貢献が大き
く，中でも水産研究所，水産試験場ならびに大学の参画によって進められた
「マリンランチング計画」や「バイオコスモス計画」，水産試験場中心に進めら
れた「放流技術開発事業（ヒラメ）」などにより，本種の発育初期における生
態がつぎつぎに明かにされた．また，生理・生化学的，発生学的，栄養学的，
行動学的知見については水産研究所，大学などによる農林水産省のプロジェク
ト「健苗育成技術開発委託事業（昭和 53 年〜）」や「バイオメディア計画」に
よるところが多く，それらの成果は本書の各章において紹介された知見の大き
な部分を占めている.

　本シンポジウムでは，ヒラメの生物学の主要な部分を網羅しようと企画され
たが，時間の制約などで当日には取り上げられなかった分野もある．栽培漁業
の技術的根幹の一つである種苗生産技術については，すでにかなりのレベルに
達しているが，それらの基礎になる生物学として今なお残された課題も多い.
その中で緊急の課題となっているのは疾病対策と親魚管理に関わる生物学であ
ろう．人工種苗の遺伝的変異量は低くなっていることが明かにされているが [2]，

---

　* 本章はシンポジウムにおける講演にはなかったが，質疑や総合討論をふまえて全体のまとめとして
　　加えたものである.
　[*1]　京都大学大学院農学研究科
　[*2]　水産庁日本海区水産研究所
　[*3]　水産庁西海区水産研究所

遺伝的変異性に乏しい親魚をもとにした種苗生産を繰り返すことによって近交弱勢が生じる危険がある．ヒラメの遺伝的側面については，本書の第 3 章で集団構造について述べられたが，近年，生物多様性の保全が地球規模で問題になり，これまでに進められてきた栽培漁業の技術的発展を遺伝的多様性の観点から見直すことが必要になりつつある．

　遺伝的多様性の保全は栽培漁業の推進にあたって不可避の要素であり，種苗放流が生態系に及ぼす影響の解明を目指した農林水産省のプロジェクト「種苗放流と生物多様性」が始まろうとしている．

　これまで，高度に発達したとされてきたわが国の種苗生産技術にも近年 "かげり" が現れ始めている．とりわけ，親魚の病気とその垂直感染の結果生じる仔稚魚の多量死亡は大きな問題となっている．

　種苗生産過程で起こる疾病については，主として細菌またはウイルスによる感染症が知られており，特に後者は深刻な問題となっており [3, 4]，早急に対策を立てる必要に迫られている．これらの抜本的解決には，魚類の免疫機能，とりわけその個体発生に関する研究が不可欠であり，組織的な研究の展開が望まれる．

　本シンポジウムは，ヒラメの基礎的および応用的研究を栽培漁業との関わりを念頭において取り上げて構成された．しかし，本種を対象にした水産業は多面的であり，資源管理や養殖に関わる諸問題においてもこれらの基礎的研究とそれを応用に結びつける研究の果たす役割は大きい．


　今後に残された課題については，各章でも述べられているが，全体のまとめとしてここで集約をしておこう．

　生活史に関わる課題としては，第 2 章でも述べられているように，成熟・産卵や卵期における生態に関する知見の欠如である．特に海域における卵に関する知見は同定の問題が障害になり，きわめて乏しい．最近，mtDNA を用いた識別法が開発されつつあり（第 2 章），生活史における量的変化の過程や減耗などに関連した現象の把握は，新しい調査方法の開発を含めて今後に残された課題であろう．初期減耗の実態を現場において把握することは，きわめて重要な要素であるにもかかわらず残された課題となっている．生活史のごく初期段

階ばかりでなく，着底前後の変態期における減耗実態や，その要因については最近注目され，研究も行われるようになった．しかし，減耗の量的解析については今後の課題である．

また，着底後の一定期間において重要な餌生物となるアミ類の定量的把握は，ヒラメ稚魚にとっての環境収容力を推定する上で不可欠な要素である．アミ類を基本食物源とする生物間の諸関係の生態学的解明も重要な課題である．

異体類に特有な変態機構については，その分子機構を含め，ヒラメをモデルに世界をリードする研究が展開されている．しかし，眼の移動を伴う体の作り替えのメカニズムについてはその研究は途についたばかりといってよく，形態，生態，生理など諸側面からの研究に期待が寄せられている．

資源管理のための基礎的知見である成長，年齢査定，成熟年齢，成熟サイズ，孕卵数など，資源特性値についての知見は各地で集積されてはいるものの，北海道や太平洋南部など一部の海域については情報が不足しており，今後の調査が急がれる．特に，再生産関連の知見は乏しく，個体当たりの年間ないしは生涯産卵数を推定するために，その手法の開発を含めて研究が進められることが必要である．また，これらの知見の集積に当たっては，"地方集団"がそれぞれの海域の環境に応じて発達させている生理生態的適応を明らかにする視点が不可欠である．

日本におけるヒラメの生物学的研究に種苗生産の技術が貢献した役割は計り知れないものがある．多くの側面からの研究において，今後もこうした技術が有効に利用されることによって直接に栽培漁業に貢献するばかりでなく，他の応用的側面にとっての基礎となる本種の生物学的特性をより詳細に把握することができよう．また，健全な良質種苗を用いて天然海域における稚魚の密度を任意に変えることにより，実験生態学的に環境収容力を推定するなど，これまでに解明できていない課題へのアプローチの道が開かれつつある．

これらの数多くの課題を解決していくためには研究機関や研究者が個別に課題に取り組むだけでなく，資源の培養や管理に見合った時間と空間スケールのプロジェクトを組織してこれに当たることが不可欠である．また，蓄積される研究成果を継続的に整理し，検討して，総括する場の保証も必要である．そのためには，定期的にシンポジウムが開催されることも有効であるし，ヒラメに

関する自由な発想のできる研究会の組織化により，広く，有機的にヒラメ研究者間の情報交換を行い，その中からプロジェクトの設計や実施のためのチームが発生することが望まれる[5, 6].

　現在，日米のヒラメの比較研究が進められているが，このような研究を通じて広く世界の沿岸に分布するヒラメ類の特性の把握が可能になり，日本産ヒラメへの理解が深まる．また，異なったアイディアや研究の背景をもった研究集団が協力共同することはきわめて重要なことである．このような国際的な研究を通じて世界に通じる栽培漁業のモデルが構築されるものと期待される．

　ヒラメは沿岸性重要漁業資源に過ぎず，生産量や生産金額が突出して大きいわけでもない．しかし，日本の海洋資源生物に関する研究があまりに断片的であることを考える時，本種の生物学的知見の集積は特筆に値する．より長期的で広域的な，またより総合的で専門的な知見が集積されることにより，資源の持続的有効利用を図る方法を科学的に示すことができると期待される．本種の中心テーマの一つである栽培漁業についても，本種はモデル魚種と位置づけられる．ここに私達がヒラメに"思い入れる"根拠がある．"モデルとしてのヒラメ"の生物学の一層の発展を願い，本書の結びとする．

## 文　献

1 ) 原田輝雄・楳田　晋・村田　修・熊井英水・水野兼八朗：近大水研報告, 1, 289-301 (1966).

2 ) 原　素之・野口昌之・小林時正：日本海ブロック試験研究収録, 32, 115-120 (1994)

3 ) Huu Dung Nguyen, T. Mekuchi, K. Imura, T. Nakai, T. Nishizawa and K. Muroga : *Fisheries Sci.*, 60, 551-554 (1994).

4 ) 中井敏博：海産魚介類の種苗生産と病気, 栽培漁業技術研修事業基礎理論コース　テキスト集, Ⅸ. 種苗期疾病対策シリーズ (2), (日本栽培漁業協会編), 1996,1-8.

5 ) 田中　克：日本海区水産試験研究連絡ニュース, 374, 10-15 (1996).

6 ) 田中　克：日本海区水産試験研究連絡ニュース, 375, 1-5 (1996).

**出版委員**

会田勝美　赤嶺達郎　木村　茂　木暮一啓
谷内　透　藤井建夫　松田　皎　村上昌弘
山澤正勝　渡邊精一

水産学シリーズ〔112〕　　　　定価はカバーに表示

ヒラメの生物学と資源培養
Biology and Stock Enhancement of Japanese Flounder

平成 9 年 3 月 30 日発行

編　者　　南　　卓　志
　　　　　田　中　　克

監　修　社団法人 日本水産学会
　　　　〒108　東京都港区港南　4-5-7
　　　　　　　東京水産大学内

発行所　〒160
　　　　東京都新宿区三栄町8　株式会社 恒星社厚生閣
　　　　Tel　（3359）7371（代）
　　　　Fax　（3359）7375

© 日本水産学会，1997．興英文化社印刷・風林社塚越製本

出版委員

会田勝美　赤嶺達郎　木村　茂　木暮一啓
谷内　透　藤井建夫　松田　皎　村上昌弘
山澤正勝　渡邊精一

水産学シリーズ〔112〕
ヒラメの生物学と資源培養（オンデマンド版）

2016年10月20日発行

編　者　　南　卓志・田中　克
監　修　　公益社団法人日本水産学会
　　　　　〒108-8477　東京都港区港南4-5-7
　　　　　　　東京海洋大学内

発行所　　株式会社 恒星社厚生閣
　　　　　〒160-0008　東京都新宿区三栄町8
　　　　　TEL　03(3359)7371(代)　FAX　03(3359)7375

印刷・製本　株式会社 デジタルパブリッシングサービス
　　　　　　URL http://www.d-pub.co.jp/

© 2016, 日本水産学会　　　　　　　　　　　　　　　　AJ589

ISBN978-4-7699-1506-5　　　　　Printed in Japan
本書の無断複製複写（コピー）は，著作権法上での例外を除き，禁じられています